中法工程师学院预科教学系列丛书

Preparatory Cycle Textbooks Series of Sino-French Institute of Engineering

丛书主编：王彪　Jean-Marie　BOURGEOIS-DEMERSAY

Mécanique du point
质点力学(法文版)

Océane GEWIRTZ　著

科学出版社

北京

内 容 简 介

  本书内容包括运动学、动力学、能量、角动量、振动和非伽利略参考系等，覆盖了质点力学的基础到应用的各个环节，从最基础的量纲分析、运动学开始，读者可以从中找到所有解决力学的工具. 内容全面，具有可读性、趣味性和广泛性，与日常生活紧密联系，能激发学生学习的热情. 书中附有与课程内容紧密结合的练习，能有效地加深学生对已学概念的理解，同时，结合实际生活向学生解释相关的质点力学原理.

  本书可作为中法合作办学单位的预科和专业教材，也可作为其他相关专业的参考教材.

图书在版编目(CIP)数据

质点力学：法文/（法）格维尔茨（Gewirtz. O）著. —北京：科学出版社, 2016.5

（中法工程师学院预科教学系列丛书/王彪等主编）

ISBN 978-7-03-046995-3

Ⅰ. ①质⋯　Ⅱ. ①格⋯　Ⅲ. ①质点系动力学-高等学校-教材-法文　Ⅳ. ①O313.2

中国版本图书馆 CIP 数据核字 (2016) 第 009686 号

责任编辑：昌　盛　罗　吉/责任校对：邹慧卿
责任印制：徐晓晨/封面设计：迷底书装

科 学 出 版 社 出版

北京东黄城根北街 16 号
邮政编码：100717
http://www.sciencep.com

北京九州迅驰传媒文化有限公司 印刷
科学出版社发行　各地新华书店经销

*

2016 年 5 月第 一 版　开本：787×1092 1/16
2021 年 1 月第四次印刷　印张：13 3/4
字数：320 000

定价：59.00 元
(如有印装质量问题，我社负责调换)

序

　　高素质的工程技术人才是保证我国从工业大国向工业强国成功转变的关键因素. 高质量地培养基础知识扎实、创新能力强、熟悉我国国情并且熟悉国际合作和竞争规则的高端工程技术人才是我国高等工科教育的核心任务. 国家长期发展规划要求突出培养创新型科技人才和大力培养经济社会发展重点领域急需的紧缺专门人才.

　　核电是重要的清洁能源, 在中国已经进入快速发展期, 掌握和创造核电核心技术是我国核电获得长期健康发展的基础. 中山大学地处我国的核电大省——广东, 针对我国高素质的核电工程技术人才强烈需求, 在教育部和法国相关政府部门的支持和推动下, 2009年与法国民用核能工程师教学联盟共建了中山大学中法核工程与技术学院（Institut Franco-Chinois de l'Energie Nucléaire）, 培养能参与国际合作和竞争的核电高级工程技术人才和管理人才. 教学体系完整引进法国核能工程师培养课程体系和培养经验, 其目标不仅是把学生培养成优秀的工程师, 而且要把学生培养成各行业的领袖. 其教学特点表现为注重扎实的数理基础学习和全面的专业知识学习；注重实践应用和企业实习以及注重人文、法律管理、交流等综合素质的培养.

　　法国工程师精英培养模式起源于 18 世纪, 一直在国际上享有盛誉. 中山大学中法核工程与技术学院借鉴法国的培养模式, 结合中国高等教育的教学特点将 6 年的本硕连读学制划分为预科教学和工程师教学两个阶段. 预科教学阶段专注于数学、物理、化学、语言和人文课程的教学, 工程师阶段专注于专业课、项目管理课的教学和以学生为主的实践和实习活动. 法国预科阶段的数学、物理等基础课的课程体系和我国相应的工科基础课的教学体系有较大的不同. 前者覆盖面更广, 比如数学教材不仅包括高等数学、线性代数等基本知识, 还包括拓扑学基础、代数结构基础等. 同时更注重于知识的逻辑性和解题的规范化, 以利于学生深入理解后能充分保有基础创新潜力.

　　为更广泛地借鉴法国预科教育的优点和广泛传播这种教育模式, 把探索实践过程中取得的成功经验和优质课程资源与国内外高校分享, 促进我国高等教育基础学科教学的改革，我们在教育部、广东省教育厅和学校的支持下，组织出版了这套预科基础课教材，包含数学、物理和化学三门课程多个阶段的学习内容. 本教材主要适用于法国工程师教育预科阶段数学、物理、化学课程的学习. 它的编排设计富有特色，采用了逐步深入的知识体系构建方式；既可作为中法合作办学单位的专业教材，也非常适合其他相关专业作为参考教材，方便自学.

我们衷心希望，本套教材能为我国高素质工程师的教育和培养做出贡献！

中方院长　　法方院长

中山大学中法核工程与技术学院

2016 年 1 月

前言

本系列丛书出版的初衷是为中山大学中法核工程与技术学院的学生编写一套合适的教材. 中法核工程与技术学院位于中山大学珠海校区. 该学院用六年时间培养通晓中英法三种语言的核能工程师. 该培养体系的第一阶段持续三年, 对应着法国大学的预科阶段, 主要用法语教学, 为学生打下扎实的数学、物理和化学知识基础; 第二阶段为工程师阶段, 学生将学习涉核的专业知识, 并在以下关键领域进行深入研究: 反应堆安全、设计与开发、核材料以及燃料循环.

本丛书物理化学部分分为以下几册, 每册书分别介绍一个学期的物理课程, 化学课程内容则独立成册.

第1册: 质点力学 (大一第二学期);

第2册: 电学、几何光学、两体系统的力学和刚体力学 (大二第一学期);

第3册: 热力学 (大二第二学期)

第4册: 基础化学 (大一第二学期, 包括原子和溶液化学) 和化学物理 (大二第二学期, 包括晶体学、化学动力学和热力学)

除了因中国学生的语言障碍对某些物理学科的课程进度做了调整以外, 在中法核工程与技术学院讲授的科学课程内容与法国预科阶段的课程内容一致.

每册书都采用相同的教学安排: 首先讲授课程, 然后进行难度逐步加深的习题训练 (概念性问题、知识应用练习、训练练习、深度训练练习或难题).

和其他教材不同的是, 为了让学生在学习过程中更加积极主动, 本书设计了一系列问题 (用符号.表示), 答案则在书中用手写体标记以强调应由学生 (在课堂上) 填写完成. 学生可以通过课程知识应用练习 (用符号-标记) 自行检查是否已掌握新学的方程和概念, 并有机会接触真实器件或解决来源于日常生活中的一些问题. 书中还有很多插图, 有助学生对词汇和概念的理解, 所谓"一图胜过千言".

每一章书的后面是附录, 收集了法语词汇、物理专业术语, 以及物理学史、物理学发展史等相关内容. 读者还可以在附录中找到和课程有关的视频链接目录.

该丛书是为预科阶段循序渐进的持续的学习过程而设计的. 譬如,曾在力学里介绍过的概念,在后续的几何光学或热力学部分会对其进一步深入讲解,习题亦如是. 为了证明一些原理(如最小作用原理)或结论(如对称性)的普遍适用性,相关习题会在物理的不同学科领域以不同形式出现.

最后值得指出的是,该丛书物理化学的内容安排是和数学的内容安排紧密联系的. 学生可以利用已学到的数学工具解决物理问题,如微分方程、偏微分方程或极限展开. 当这些内容在数学课程中没有展开阐述的时候,书中也会在附录部分对其做详细介绍,例如圆锥曲线.

得益于中法核工程与技术学院学生和老师们的意见与建议,该丛书一直在不断地改进中. 我的同事赖侃、滑伟、何广源、胡杨凡、韩东梅和康明亮博士仔细核读了该书的原稿,并作以精准的翻译. 刘洋和熊涛两位博士也对力学部分提出了中肯的意见. 最后,本书的成功出版离不开中法核工程与技术学院两位院长,王彪教授(长江特聘教授、国家杰出青年基金获得者)和 Jean-Marie BOURGEOIS-DEMERSAY先生(法国矿业团首席工程师),一直以来的鼓励与大力支持. 请允许我对以上同事及领导表示最诚挚的谢意!

Océane GEWIRTZ

法国里昂(Lyon)高等师范学校的毕业生,
通过法国会考取得教师职衔的预科阶段物理老师

Avant-propos

Cet ouvrage est à l'origine destiné aux élèves-ingénieurs de l'Institut franco-chinois de l'énergie nucléaire (IFCEN), situé sur le campus de l'université Sun Yat-sen à Zhuhai, dans la province du Guangdong en Chine du sud. Cet institut forme en six années des ingénieurs en génie atomique trilingues en chinois, français et anglais. La première partie du curriculum s'étend sur trois ans et correspond aux classes préparatoires aux grandes écoles, avec un enseignement en français de bases solides dans tous les domaines des mathématiques, de la physique et de la chimie. La deuxième partie du curriculum constitue le cycle d'ingénieur, qui permet aux élèves de se spécialiser dans le nucléaire et d'approfondir les domaines-clés que sont la sûreté, la conception et l'exploitation des centrales, les matériaux pour le nucléaire et le cycle du combustible.

La collection se décline en plusieurs volumes dont chacun représente un semestre de cours en sciences physiques, l'enseignement de la chimie étant regroupé dans un volume particulier :
- Volume 1 : mécanique du point (semestre 2) ;
- Volume 2 : électrocinétique, optique géométrique, mécanique des systèmes de deux points matériels et mécanique du solide (semestre 3) ;
- Volume 3 : thermodynamique (semestre 4) ;
- Volume 4 : chimie générale (atomistique et chimie des solutions au semestre 2) et chimie physique (cristallographie, cinétique chimique et thermochimie au semestre 4).

Les contenus scientifiques qui sont abordés à l'IFCEN correspondent au programme des classes préparatoires en France, si ce n'est que la progression diffère quelque peu en raison des difficultés langagières que présentent, pour un public chinois, certains domaines de la physique.

Chaque volume suit une progression identique : tout d'abord un exposé du cours, suivi d'exercices classés par ordre de difficulté croissante (questions de cours, exercices d'application directe, exercices d'entraînement, exercices d'approfondissement ou problèmes).

Dans le souci de rendre plus actif l'élève pendant son apprentissage, le cours suit une présentation qui diffère d'autres ouvrages : de nombreuses questions sont posées, précédées d'un ✎ ; les réponses sont indiquées en police manuscrite pour bien souligner qu'il appartient à l'élève de remplir cette partie. Les exercices d'application directe du cours, précédés d'un ✍, permettent à l'élève de vérifier qu'il maîtrise les formules et les concepts nouvellement acquis. Ils donnent aussi l'occasion d'étudier des dispositifs réels ou de résoudre des problèmes tirés de la vie quotidienne. De nombreuses illustrations facilitent l'acquisition du vocabulaire et des concepts, suivant l'adage bien connu qu'une image vaut mille mots.

À la fin de chaque chapitre, l'élève trouvera des annexes qui concernent le français et les difficultés lexicales, ainsi que l'histoire et le développement de telle ou telle branche de la physique. Le lecteur pourra aussi trouver une webographie comprenant des animations ou des films en lien avec le cours.

La collection a été conçue pour un apprentissage continu et progressif sur l'ensemble du cycle préparatoire. Par exemple, des notions sont d'abord introduites dans le cours de mécanique, pour être reprises et approfondies plus tard en optique géométrique ou en thermodynamique. Il en va de même pour les exercices, qui peuvent apparaître de façons différentes dans des domaines distincts de la physique, dans le but de démontrer l'universalité de certains principes (comme le principe de moindre action) ou de certains raisonnements (recherche des symétries).

Il faut enfin noter que la progression du cours de physique-chimie se fait en lien étroit avec celle du cours de mathématiques, également disponible dans la même collection. Les élèves pourront donc appliquer aux sciences physiques les outils mathématiques qu'ils auront assimilés préalablement, comme les équations différentielles, les équations aux dérivées partielles ou les développements limités. Lorsqu'elles ne sont pas développées en cours de mathématiques, certaines notions font l'objet d'annexes détaillées, à l'exemple des coniques.

Les volumes de cette collection sont en constante évolution, grâce aux remarques et aux suggestions des élèves et des professeurs de l'institut. J'ai plaisir à mentionner mes collègues les docteurs Lai Kan, Hua Wei, He Guangyuan, Hu Yangfan, Han Dongmei et Kang Mingliang, pour la qualité de leur traduction et la relecture minutieuse des manuscrits. Le volume de mécanique a aussi profité des commentaires avisés des docteurs Liu Yang et Xiong Tao. Enfin, la collection n'aurait pas pu voir le jour sans les encouragements et le soutien constant des deux directeurs de l'institut, le professeur Wang Biao, professeur des universités, membre du programme "Cheung Kong Scholars Program", lauréat du prix d'excellence de la fondation nationale des sciences pour les jeunes chercheurs, et M. Jean-Marie Bourgeois-Demersay, ancien élève de l'École normale supérieure de Paris, diplômé d'HEC, ingénieur général des mines. Qu'ils en soient tous ici remerciés !

Océane Gewirtz
Ancienne élève de l'École normale supérieure de Lyon, professeur en classes préparatoires,
agrégée de sciences physiques.

Table des matières

Première partie

Cours

Chapitre 1

Introduction au cours de physique

1.1 Déroulement de l'année

1.1.1 Programme

Dans ce premier livre, nous allons étudier la mécanique du point, première partie, qui est composée de 8 chapitres :
- la cinématique du point
- la dynamique du point
- l'énergie
- les oscillateurs
- le théorème du moment cinétique et les forces centrales conservatives
- les changements de référentiel
- la dynamique en référentiel non galiléen
- le caractère galiléen approché des référentiels usuels.

1.1.2 Méthode de travail

Vous avez entre vos mains le livre de cours "complet" de physique donné en première année à l'Institut franco-chinois de l'énergie nucléaire.

En classe, ce cours est donné de façon à rendre actif les apprenants : il y a des questions posées (précédées de ✎), les réponses sont données en *écriture manuscrite française.*

et elles vont faire partie du cours, des exercices à faire (sur fond gris clair suivi d'un ✍), des mots et les définitions à connaître (sur fond foncé). Le lecteur est invité à essayer de trouver les réponses avant de les lire.

Après chaque chapitre, vous allez trouver une page "français" avec une liste de mots que vous allez devoir chercher dans le dictionnaire et qui vont être à connaître pour le cours de physique, différentes formulations ou un point important de français à maîtriser pour la physique-chimie puis, après une page "histoire des sciences" avec les noms des physiciens qui apparaissent dans le cours.

Après, vous allez avoir la partie "exercices" constituée de 3 parties :

- les questions de cours

- les exercices d'application directes du cours

- les exercices d'approfondissement.

Cette organisation va vous permettre de travailler efficacement en physique-chimie : pendant le cours, vous devez prendre des notes pour des explications supplémentaires. Après le cours, le soir-même, vous devez travailler à nouveau la partie vue en cours, c'est-à-dire que vous devez faire **tout seul** tous les calculs. Vous prenez un crayon et du papier de brouillon, vous fermez le livre et vous refaites tous les calculs, vous énoncez les théorèmes et définitions.

Quand vous avez fini, vous pouvez alors passer aux exercices du cours : questions de cours puis exercices d'application.
Les exercices d'approfondissement sont utiles en fin de chapitres, en préparation d'un devoir.

Maintenant, pour commencer, nous allons poser les bases de la physique : la mesure, c'est quoi ? Définir les unités et les dimensions, puis enfin un rapide panorama du monde de la physique.

1.2   Analyse dimensionnelle

1.2.1   La mesure

La mesure d'une grandeur G est la comparaison de G avec une grandeur $G^\star$ de la même nature, prise comme unité.

La quantité $g = G/G^\star$ est un nombre réel, appelé mesure de G.

Cette mesure dépend évidemment de l'étalon $G^\star$ choisi, il faut donc préciser la nature de cet étalon en faisant suivre la valeur numérique de g du nom de l'unité.

<u>Exemple</u> : une longueur peut être mesurée en mètres ou en pieds. Une température peut être mesurée en degrés Celsius ou en kelvins.

Si deux objets se mesurent par comparaison avec un même étalon, on dit qu'ils sont de même dimension.

1.2.2   Les dimensions de base

Les grandeurs de base qui définissent les unités de base du système international (SI) sont les suivantes :

- Longueur de dimension L
- Masse de dimension M
- Temps de dimension T
- Intensité électrique de dimension I
- Température thermodynamique de dimension θ

 Il ne faut surtout pas confondre la dimension et l'unité !

1.2.3   Dimension d'une grandeur secondaire

Le choix des grandeurs de base est arbitraire. Il doit cependant être juste suffisant pour que toute autre grandeur possède une dimension qui peut s'exprimer par une fonction monôme des dimensions de base.

Exemples :

vitesse $v = \Delta l / \Delta t$ $\qquad\qquad$ $[v] = L \cdot T^{-1}$

accélération $a = \Delta v / \Delta t$ $\qquad\qquad$ $[a] = L \cdot T^{-2}$

Ceci se prononce "la dimension de v est L, T moins un" ou "v est homogène à une longueur sur un temps."

> Calculer les dimensions d'une force, d'une surface, d'une pression, d'une énergie, d'une puissance, d'un moment de force, d'une charge, d'une tension électrique, de la capacité d'un condensateur, d'un angle, d'une masse volumique, d'une densité.

On a $[F] = [ma] = M \cdot L \cdot T^{-2}$. On a $[S] = L^2$, $[P] = \dfrac{[F]}{[S]} = M \cdot L^{-1} \cdot T^{-2}$.

On a $[E] = [mv^2/2] = M \cdot L^2 \cdot T^{-2}$, $[\mathscr{P}] = \dfrac{[dE]}{[dt]} = M \cdot L^2 \cdot T^{-3}$, $[\mathscr{M}] = M \cdot L^2 \cdot T^{-2}$,

$[q] = I \cdot T$, $[U] = \dfrac{[\mathscr{P}]}{[I]} = M \cdot L^2 \cdot T^{-3} \cdot I^{-1}$, $[C] = \dfrac{[q]}{[U]} = M^{-1} \cdot L^{-2} T^4 I^2$, $[\theta] = 1$,

$[\rho] = M \cdot L^{-3}$, $[d] = 1$.

Remarque 1 : *deux grandeurs peuvent avoir la même dimension sans être comparables comme le travail W et le moment $\mathscr{M}$ d'une force. Leurs unités sont d'ailleurs différentes : le joule (J) pour le travail et N·m pour le moment.*

Remarque 2 : *une grandeur peut être de dimension 1, on dit aussi sans dimension ou adimensionnée comme un angle, qui possède cependant une unité le radian, ou comme l'indice de réfraction n = c/v ou encore une densité qui est le rapport de deux masses volumiques.*

1.2.4 Vérification de l'homogénéité d'une relation

Soit la relation littérale $P = Q + R$, où P, Q et R sont des fonctions monômes de grandeurs physiques. P, Q et R doivent avoir évidemment la même dimension . La relation est alors homogène !

Il est indispensable de le vérifier avant de passer à l'application numérique.

✍ La formule $F + mg = mv^2/R$ est-elle homogène ?

On calcule les dimensions de chacun des termes : $[F] = M \cdot L \cdot T^{-2}$ et $[mg] = [P] = M \cdot L \cdot T^{-2}$ et $[mv^2/R] = \dfrac{M \cdot L^2 \cdot T^{-2}}{L} = M \cdot L \cdot T^{-2}$. La formule est bien homogène.

✍ La période du pendule simple est-elle donnée par $T = 2\pi\sqrt{g/l}$ ou $T = 2\pi\sqrt{l/g}$?

l/g est homogène à un temps au carré tandis que g/l est homogène à l'inverse d'un temps au carré. Donc la formule correcte est $T = 2\pi\sqrt{l/g}$.

1.3   Le système SI

Le système international noté SI possède 7 unités fondamentales et 2 unités dites "supplémentaires".

Grandeur	Nom de l'unité	Symbole
longueur	mètre	m
masse	kilogramme	kg
temps	seconde	s
intensité de courant	ampère	A
température	kelvin	K
intensité lumineuse	candela	cd
quantité de matière	mole	mol
angle plan	radian	rad
angle solide	stéradian	sr

Les unités dérivées :

Grandeur	Expression	Unité et symbole
Longueur L	L	m
surface	$S = L^2$	m^2
volume	$V = L^3$	m^3
Temps T	t	s
vitesse	$v = L \cdot T^{-1}$	$m \cdot s^{-1}$
accélération	$a = v/T = L \cdot T^{-2}$	$m \cdot s^{-2}$
fréquence	$f = 1/T$	s^{-1} ou Hz (hertz)
pulsation	$\omega = 2\pi/T$	$rad \cdot s^{-1}$
Masse	M	kg
masse volumique	$\rho = M/V = M \cdot L^{-3}$	$kg \cdot m^{-3}$
force	$F = M \cdot a = M \cdot L \cdot T^{-2}$	$kg \cdot m \cdot s^{-2}$ ou N (newton)
travail, énergie	$W = F \cdot l = M \cdot L^2 \cdot T^{-2}$	$kg \cdot m^2 \cdot s^{-2}$ ou J (joule)
puissance	$\mathscr{P} = W/T = M \cdot L^2 \cdot T^{-3}$	$kg \cdot m^2 \cdot s^{-3}$ ou W (watt)
pression	$P = F/S = M \cdot L^{-1} \cdot T^{-2}$	$kg \cdot m^{-1} \cdot s^{-2}$ ou Pa (pascal)

Grandeur	Expression	Unité et symbole
Intensité de courant	I	A
charge	$q = I \times T$	$A \cdot s$ ou C (coulomb)
tension	$U = \mathscr{P}/I$	$kg \cdot m^2 \cdot s^{-3} \cdot A^{-1}$ ou V (volt)
champ électrique	$E = F/q$	$kg \cdot m \cdot s^{-3} \cdot A^{-1}$ ou $V \cdot m^{-1}$
résistance	$R = U/I$	$kg \cdot m^2 \cdot s^{-3} \cdot A^{-2}$ ou Ω (ohm)
conductance	$G = 1/R$	Ω^{-1} ou S (siemens)
capacité	$C = q/U$	$kg^{-1} \cdot m^{-2} \cdot s^4 \cdot A^2$ ou F (farad)
champ magnétique	$B = F/(qv)$	$kg \cdot s^{-2} \cdot A^{-1}$ ou T (tesla)
inductance	$L = U/(dI/dT)$	$kg \cdot m^2 \cdot s^{-3} \cdot A^{-2}$ ou H (henry)

Grandeur	Expression	Unité et symbole
température	θ	K
chaleur=énergie	Q	$kg \cdot m^2 \cdot s^{-2}$ ou J (joule)
capacité thermique	$C = Q/\theta$	$J \cdot K^{-1}$
capacité thermique molaire	$C_M = C/n$	$J \cdot K^{-1} \cdot mol^{-1}$
capacité thermique massique	$c_m = C/m$	$J \cdot K^{-1} \cdot kg^{-1}$
entropie	$S = Q/\theta$	$J \cdot K^{-1}$
	Les unités en chimie	
Concentration molaire volumique	$C = n/V$	$mol \cdot L^{-1}$

1.4   Le monde physique

La physique essaye d'expliquer le monde qui nous entoure, de l'infiniment petit à l'infiniment grand. Elle est à la recherche des lois et principes qui gouvernent les mouvements des planètes, des atomes, du vent...

La physique a donc un vaste domaine d'étude et est composée de différentes branches : la mécanique (classique, quantique, relativiste), l'optique (géométrique, ondulatoire, quantique), la thermodynamique (classique, statistique, industrielle), l'électrocinétique, l'électromagnétisme (les ondes et leur propagation dans le vide et les milieux), la physique atomique, la physique nucléaire...

La chimie, quant à elle, étudie la matière et sa transformation au cours de réactions chimiques : atomistique, cinétique chimique (vitesse des réactions), chimie des solutions (les réactions chimiques dans un solvant -l'eau, par exemple-), thermochimie (étude thermodynamique des réactions), oxydoréduction par voie sèche, cristallographie... Vous allez étudier beaucoup de ces domaines pendant votre cursus à l'IFCEN.

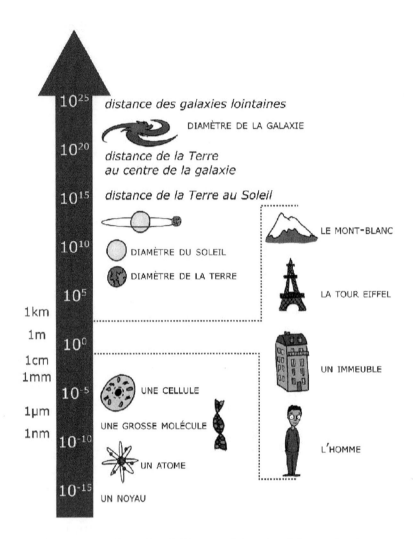

Ordres de grandeur des différents objets étudiés en physique

*D'après maxicours.fr

1.5 La physique à l'IFCEN

D'après la bande dessinée, Kid Paddle, volume 9.

1.6 Les outils mathématiques

1.6.1 Rappels sur les dérivées

> • **Définition :** Une fonction f d'une seule variable x est dérivable en a si $\lim\limits_{x \to a} \dfrac{f(x) - f(a)}{x - a}$ existe et est finie.

Cette limite est notée $f'(a)$, c'est la dérivée de la fonction f en $x = a$.

En tout point x, on définit ainsi, quand elle existe la fonction f' dérivée de la fonction f.

$$\lim_{x \to a} \frac{f(x) - f(a)}{x - a} = f'(a)$$

★ Dérivée d'un produit, d'un rapport de fonctions, d'une puissance

✎ **Complétez le tableau ci-dessous :**

$f = u \times v$	$f = u/v$	$f = u^n, n \in \mathbb{Q}$
$f' =$	$f' =$	$f' =$

On a le tableau suivant :

$f = u \times v$	$f = u/v$	$f = u^n, n \in \mathbb{Q}$
$f' = u'v + uv'$	$f' = (u'v - uv')/v^2$	$f' = nu^{n-1}u'$

★ Applications aux dérivées de fonctions puissance

✎ **Complétez le tableau ci-dessous :**

$u^2, n = 2$	$\dfrac{1}{u^2}, n = -2$	$\dfrac{1}{\sqrt[3]{u^2}}, n = -2/3$
$(u^2)' =$		

On a le tableau suivant :

$u^2, n = 2$	$\dfrac{1}{u^2}, n = -2$	$\dfrac{1}{\sqrt[3]{u^2}}, n = -2/3$
$(u^2)' = 2uu'$	$-(2u')/u^3$	$(-2/3) \times u' \times u^{-5/3}$

Accroissement d'une fonction

★ *Développement limité à l'ordre* 1 *de la fonction f*

✎ À partir de la définition de la dérivée de f en $x = a$ et en posant $\varepsilon(x) = \dfrac{f(x) - f(a)}{x - a} - f'(a)$ en $x \neq a$ et $\varepsilon(a) = 0$, établir le développement limité de la fonction f en $x = a$:

$$f(x) = f(a) + (x - a)f'(a) + (x - a)\varepsilon(x) \text{ avec } \lim_{x \to a} \varepsilon(x) = 0$$

On a $f(x) = f(a) + (x - a)f'(a) + (x - a)\varepsilon(x)$. Pour $x = a$, la formule est vraie. Pour $x \neq a$, c'est aussi vrai, la formule est juste (cf cours de mathématiques).

★ **Accroissement Δf d'une fonction scalaire f :**

On pose $\Delta f = f(x) - f(a)$, accroissement de la fonction f.
On pose $\Delta x = x - a$, accroissement de la variable x.
On écrit alors la relation précédente : $f(x) - f(a) = (x - a)f'(a) + (x - a)\varepsilon(x)$
sous la forme :

$$\Delta f = f'(a)\Delta x + \varepsilon(x)\Delta x$$

Signification géométrique :

✎ **Donner l'interprétation géométrique de la formule précédente avec les points indiqués sur la figure**

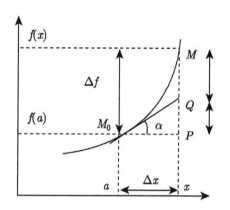

On a $MM_0 = PQ + QM = f'(a)\Delta x + \varepsilon(x)\Delta x$.

✎ **Que se passe-t-il quand x tend vers a ?**

Quand $x \to a$, alors $QM \to 0$ et $\Delta f = f'(a)\Delta x$.

1.6.2 Différentielle d'une fonction scalaire d'une seule variable

Notation différentielle d'une dérivée

En cinématique, pour un mouvement rectiligne suivant Oz, la vitesse v est définie par $v = \dfrac{\mathrm{d}z}{\mathrm{d}t}$.

De façon générale, la dérivée de la fonction qui à x associe $f(x)$ s'écrit $\dfrac{\mathrm{d}f}{\mathrm{d}x}$.

En physique, la variable la plus courante est le temps t : la dérivée temporelle de z s'écrit de façon conventionnelle $\dot{z}$ et se lit z point. Cette notation est réservée à la dérivation par rapport au temps ! Pour les autres variables (espace -x, y- ou autres), on utilise la notation z' ou $\mathrm{d}z/\mathrm{d}x$...

Pour un accroissement $\mathrm{d}x$ infiniment petit de la variable x, la différentielle $\mathrm{d}f$ de la fonction f est : $\mathrm{d}f = f'(x)\mathrm{d}x$.

★ Exemples de calculs différentiels

Un calcul de différentielle n'est autre qu'un calcul de dérivée. Il faut simplement bien penser à écrire l'accroissement infiniment petit de la variable qui peut changer, ce qu'on va voir tout de suite dans les exemples suivants :

✎ Compléter le tableau suivant :

$f(x) = \cos x$	$f'(x) =$	$\mathrm{d}f =$
$f(u) = \mathrm{e}^u$	$f'(u) =$	$\mathrm{d}f =$
$g(f) = \ln(f)$	$g'(f) =$	$\mathrm{d}g =$

On a les expressions des différentielles qui sont données par :

$f(x) = \cos x$	$f'(x) = -\sin(x)$	$\mathrm{d}f = -\sin(x)\mathrm{d}x$
$f(u) = \mathrm{e}^u$	$f'(u) = \mathrm{e}^u$	$\mathrm{d}f = \mathrm{e}^u\mathrm{d}u$
$g(f) = \ln(f)$	$g'(f) = 1/f$	$\mathrm{d}g = \mathrm{d}f/f$

★ Propriété des différentielles

On retrouve les mêmes propriétés que pour les dérivées :

somme	$\dfrac{\mathrm{d}(f+g)}{\mathrm{d}x} = \dfrac{\mathrm{d}f}{\mathrm{d}x} + \dfrac{\mathrm{d}g}{\mathrm{d}x}$	$\mathrm{d}(f+g) = (f' + g')\mathrm{d}x$
produit	$\dfrac{\mathrm{d}(fg)}{\mathrm{d}x} = g\dfrac{\mathrm{d}f}{\mathrm{d}x} + f\dfrac{\mathrm{d}g}{\mathrm{d}x}$	$\mathrm{d}(fg) = (f'g + g'f)\mathrm{d}x$
puissance	$\dfrac{\mathrm{d}(Af^n)}{\mathrm{d}x} = Anf^{n-1}\dfrac{\mathrm{d}f}{\mathrm{d}x}$	$\mathrm{d}(Af^n) = Anf^{n-1}f'\mathrm{d}x$
rapport	$\dfrac{\mathrm{d}(f/g)}{\mathrm{d}x} = \dfrac{g\dfrac{\mathrm{d}f}{\mathrm{d}x} - f\dfrac{\mathrm{d}g}{\mathrm{d}x}}{g^2}$	$\mathrm{d}(f/g) = \dfrac{gf' - fg'}{g^2}\mathrm{d}x$

1.6.3   Signification géométrique et intérêt physique

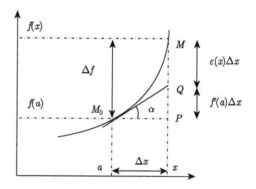

Si on reprend la figure précédente, on a :

$$\Delta f = f'(a)\mathrm{d}x + \varepsilon(x)\mathrm{d}x$$

soit encore $PM = PQ + QM$ ✎ **Comparer** Δf **et** $\mathrm{d}f$ **quand** $\mathrm{d}x \to 0$

On a $\Delta f \approx \mathrm{d}f$ quand $\mathrm{d}x \to 0$.

L'intérêt physique est le suivant : par un calcul mathématique de dérivée, on peut déterminer la différentielle de la grandeur physique $f(x)$ qui est donc assimilable à l'accroissement de la fonction f.

Il s'agit du calcul des petites variations d'une grandeur $f(x)$ quand la variable x varie un peu (ou faiblement).

Cette égalité nous permet de pouvoir calculer Δf très simplement et très rapidement.

On va illustrer ceci sur l'exemple de la variation de période d'un pendule simple.

✍ Rappeler l'expression de la période T des oscillations du pendule simple. Vérifier l'homogénéité de la formule. Calculer T pour $g = 10$ m·s^{-2} et $l = 0,22$ m.

On a $T = 2\pi\sqrt{\dfrac{l}{g}}$ soit, numériquement, $T = 0,93$ s.

✍ On fait varier la longueur du fil de 1 mm. Déterminer la variation de période en utilisant une méthode numérique puis en utilisant le calcul différentiel. Déterminer l'écart relatif entre les deux résultats. À quoi correspond-il?

On a $\Delta T_{\mathrm{num}} = T' - T = -0,002156$ s et

$$\Delta T_{CD} = \frac{2\pi}{\sqrt{g}} \times \frac{1}{2} \times \frac{\Delta l}{\sqrt{l}} = \frac{\pi \Delta l}{\sqrt{gl}} = 0,00211 \text{ s.}$$

On a $\dfrac{\Delta T_{\mathrm{num}} - \Delta T_{CD}}{\Delta T_{\mathrm{num}}} = \varepsilon(x)$.

Remarque : *On voit ici l'intérêt de la méthode car les calculatrices, souvent, tronquent les résultats (affichage avec 9 chiffres significatifs) et l'écart numérique ΔT_{num} peut être faux ou il faut refaire les applications numériques pour faire la différence directement à la calculatrice!*

Cette méthode en physique est utilisée mais on lui préfère nettement la différentielle logarithmique, méthode qu'on va exposer ci-dessous.

Différentielle logarithmique

> • **Définition :** On appelle différentielle logarithmique la différentielle de la fonction $\ln f$ avec $f > 0$
>
> $$(\ln f)' = \frac{\mathrm{d}\ln f}{\mathrm{d}x} = \frac{f'}{f} \text{ soit } \mathrm{d}\ln f = \frac{\mathrm{d}f}{f}.$$

★ Applications

produit	$f = uv$	$\ln f = \ln u + \ln v$	$\mathrm{d}\ln f = \dfrac{\mathrm{d}f}{f} = \dfrac{\mathrm{d}u}{u} + \dfrac{\mathrm{d}v}{v}$
puissance	$f = Au^n$	$\ln f = \ln A + n\ln u$	$\mathrm{d}\ln f = \dfrac{\mathrm{d}f}{f} = n\dfrac{\mathrm{d}u}{u}$
rapport	$f = \dfrac{u}{v}$	$\ln f = \ln u - \ln v$	$\mathrm{d}\ln f = \dfrac{\mathrm{d}f}{f} = \dfrac{\mathrm{d}u}{u} - \dfrac{\mathrm{d}v}{v}$
produit généralisé	$f = A\dfrac{u^n}{v^m}$	$\ln f = \ln A + n\ln u - m\ln v$	$\mathrm{d}\ln f = \dfrac{\mathrm{d}f}{f} = n\dfrac{\mathrm{d}u}{u} - m\dfrac{\mathrm{d}v}{v}$

★ Utilisation de la différentielle logarithmique :

✍ On considère à nouveau l'exemple du pendule simple. On fait varier la longueur du fil de 1 mm. Retrouver la variation de période par un calcul de différentielle logarithmique. Conclure.

On a $T = 2\pi\sqrt{\dfrac{l}{g}}$ soit $\ln T = \ln(2\pi) + \dfrac{1}{2}\ln l - \dfrac{1}{2}\ln g$ soit $\dfrac{\mathrm{d}T}{T} = \dfrac{\mathrm{d}l}{2l}$ soit, numériquement, $\Delta T = T \times \dfrac{\Delta l}{2l} = 0,00211$ s. C'est beaucoup plus rapide.

Chapitre 2

Cinématique

Ce chapitre est le premier chapitre de mécanique que nous allons étudier. C'est l'étude des mouvements , des trajectoires sans étudier les causes qui les provoquent : on va donc étudier les trajectoires indépendamment des causes qui les produisent. La cinématique cherche à décrire les mouvements et non à les expliquer.

On va définir les notions suivantes : la vitesse, l'accélération, les différents systèmes de coordonnées et les différentes trajectoires. Le but de ce chapitre est d'arriver à choisir la base la plus adaptée pour résoudre un exercice donné : il faut toujours choisir judicieusement le système de coordonnées !

Pour étudier les mouvements, on a besoin tout d'abord de définir les étalons de temps et de distance. Voici les définitions du Système International (SI) :
• le mètre : longueur du trajet parcouru par la lumière en 1/299 792 458 s ;
• la seconde : durée de 9 192 631 770 périodes de la radiation émise lors de la transition entre 2 niveaux hyperfins de l'état fondamental du césium 133.

Dans notre vie quotidienne, nous utilisons des phénomènes périodiques pour la mesure du temps : le mouvement d'un balancier ou d'un pendule, les oscillations du quartz (dans les montres)...

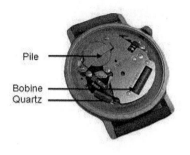

Le pendule du Professeur Tournesol dans Tintin

une montre à quartz

*D'après `remibelleau.com`

*D'après `wiki.baronnerie.com` et `cleor.com`

2.1   Repérage dans le temps et dans l'espace

2.1.1   Définitions

Espace physique

L'espace physique correspond à un espace euclidien à 3 dimensions. Chaque point est repéré par un triplet de nombres réels : les coordonnées de ce point $M(x, y, z)$.

Pour tout couple de points, on peut définir une distance euclidienne d.

Rappel : si on note $A(x_A, y_A, z_A)$ et $B(x_B, y_B, z_B)$ les coordonnées des points A et B, alors

$$d_{AB} = \sqrt{(x_B - x_A)^2 + (y_B - y_A)^2 + (z_B - z_A)^2}.$$

Le temps

L'observateur (c'est-à-dire l'expérimentateur ou vous !) attribue à chaque instant un nombre réel : la date .

La durée d'un événement est l'intervalle de temps qui sépare 2 dates t_1 et $t_2 : \tau = t_2 - t_1$.

Pour mesurer une durée et donc un temps, après avoir choisi une origine des temps, on utilise un même phénomène qui se reproduit régulièrement, appelé horloge.

2.1.2 Repère et Référentiel

> • **Définition :** On appelle repère d'espace l'ensemble constitué par une origine O et une base $(\vec{u_x}, \vec{u_y}, \vec{u_z})$. Les bases utilisées en physique sont pratiquement toujours orthonormées directes.

Rappel : une base est dite orthonormée si les trois vecteurs sont orthogonaux 2 à 2 et s' ils sont de norme unitaire $(\|\vec{u_i}\| = 1)$. *On dit qu'elle est directe si on a la "règle de la main droite" ou "des 3 doigts" qui correspond à* $\vec{u_x} \wedge \vec{u_y} = \vec{u_z}$.

∗ D'après encyclo.voila.fr

> Un référentiel est la donnée d'un repère d'espace (un point origine O et 3 axes associés à une base vectorielle) et une horloge (pour fixer l'origine des temps).

Exemple : $\mathscr{R}(O, x, y, z, t)$.

C'est aussi un ensemble de points qui sont liés rigidement (c'est la définition d'un solide : la distance entre les points est constante au cours du temps).

On peut définir ainsi un référentiel qui est lié à la Terre, "le" référentiel du laboratoire...

Un point est fixe dans un référentiel $\mathscr{R}$ si ses coordonnées sont constantes dans $\mathscr{R}$.

⚠ La notion de mouvement dépend du référentiel ! Il faut toujours le préciser.

Exemple : voiture, tapis roulant, manège...

Dans le référentiel qui est lié à l'observateur, le mouvement du passager est circulaire. Dans le référentiel lié au manège, le passager est fixe.

Cadre du cours :
⋆ **le temps est universel et homogène, il est absolu : il ne dépend pas du référentiel, c'est le même pour tout le monde (ce n'est pas vrai en relativité) ;**
⋆ **on travaille dans un espace euclidien.**

2.1.3   Notion de point matériel

On modélise en sciences physiques un objet (une voiture, un homme, la Terre) par un point matériel : c'est une modélisation, une représentation théorique. On a donc seulement besoin pour le repérer dans l'espace de 3 paramètres car c'est un point (on néglige la structure interne et la rotation propre). Dans le cours de physique de première année, on va seulement utiliser des points matériels. On aura donc seulement besoin de 3 coordonnées. Dans le cours de mécanique II, on va étudier ensemble la mécanique du solide et donc, on va avoir besoin de 6 coordonnées pour repérer la position d'un point dans l'espace ce qui correspond à 6 mouvements possibles ou degrés de liberté : 3 degrés de liberté de translation et 3 degrés de liberté de rotation. [1]

Exemples : un électron, une voiture, la Terre dans son mouvement par rapport au Soleil est considérée comme un point matériel (mais attention, elle n'est plus considérée comme un point matériel lorsqu'on considère son mouvement de rotation propre : par exemple, dans l'étude d'un mouvement d'un point à sa surface ou dans l'étude des marées)...

2.1.4   Système de coordonnées

Pour un référentiel d'étude choisi, on peut étudier le mouvement dans différents systèmes de coordonnées. Il va falloir choisir le système qui est le plus adapté au problème posé, c'est-à-dire le système où les calculs sont les plus simples possibles.

Coordonnées cartésiennes

C'est la base $(\overrightarrow{u_x}, \overrightarrow{u_y}, \overrightarrow{u_z})$. C'est une **base fixe** .

---

[1]. Nous allons aussi revoir cette notion de degré de liberté dans le cours de thermodynamique

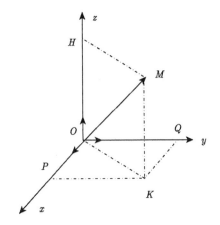

✎ Exprimer $\overrightarrow{OM}$ en fonction des vecteurs $\overrightarrow{OK}$ et $\overrightarrow{KM}$ puis, en fonction des vecteurs $\overrightarrow{OP}$, $\overrightarrow{OQ}$ et $\overrightarrow{OH}$.

D'après la relation de Chasles, on a $\overrightarrow{OM} = \overrightarrow{OK} + \overrightarrow{KM}$ ou bien encore $\overrightarrow{OM} = \overrightarrow{OP} + \overrightarrow{OQ} + \overrightarrow{OH}$.

On pose, par définition les coordonnées cartésiennes de M :

$$x = \overrightarrow{OM} \cdot \overrightarrow{u_x}, \quad y = \overrightarrow{OM} \cdot \overrightarrow{u_y}, \quad z = \overrightarrow{OM} \cdot \overrightarrow{u_z}$$

✎ Exprimer $\overrightarrow{OM}$ en fonction des coordonnées cartésiennes de M et des vecteurs de base $\overrightarrow{u_x}$, $\overrightarrow{u_y}$ et $\overrightarrow{u_z}$.

On a alors $\overrightarrow{OM} = x\overrightarrow{e_x} + y\overrightarrow{e_y} + z\overrightarrow{e_z}$.

La trajectoire est définie par $(x(t), y(t), z(t))$: c'est l'équation paramétrique de la trajectoire. $x(t)$, $y(t)$ et $z(t)$ sont appelées **les lois ou équations horaires.**

Coordonnées cylindriques

Dans le cas où on étudie un problème à symétrie axiale, c'est-à-dire qu'il existe une direction privilégiée de l'espace, on va utiliser ce système de coordonnées. On choisit cet axe comme axe Oz et on appelle plan polaire le plan xOy perpendiculaire à Oz. Le point M est alors repéré par le triplet (r, θ, z) qui constitue les coordonnées cylindriques de M.

$$r = \|\overrightarrow{OK}\| = \|\overrightarrow{HM}\|, \quad \theta = (\overrightarrow{u_x}, \overrightarrow{OK}), \quad z = \overrightarrow{OM} \cdot \overrightarrow{u_z}$$

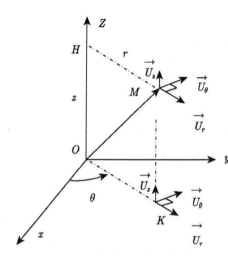

✎ Donner les domaines de définition des coordonnées (r, θ, z).

$On\ a\ r \in [0; +\infty[,\ \theta \in [0; 2\pi[\ et\ z \in \mathbb{R}.$

La base utilisée est $(\vec{u_r}, \vec{u_\theta}, \vec{u_z})$. C'est une base **mobile** qui dépend de la position du point M : les vecteurs $\vec{u_r}$ et $\vec{u_\theta}$ tournent ! On dit qu'on définit une base locale (qui se déplace avec le point M).

$\vec{u_r}$ est le vecteur unitaire **radial** porté par $\overrightarrow{OK} = \overrightarrow{HM}$.

$\vec{u_\theta}$ est le vecteur unitaire **orthoradial** défini par $\vec{u_\theta} = \vec{u_z} \wedge \vec{u_r}$.

$\vec{u_\theta}$ est un vecteur perpendiculaire au plan $(\vec{u_z}, \vec{u_r})$, le sens est donné par la "règle des 3 doigts".

✎ Exprimer le vecteur $\overrightarrow{OM}$ en fonction des coordonnées cylindriques et des vecteurs de la base locale.

$Par\ définition,\ on\ a\ \overrightarrow{OM} = r\vec{u_r} + z\vec{u_z}.$

★ Composantes des vecteurs de base

✎ Décomposer le vecteur $\vec{u_r}$ dans la base cartésienne.

$Par\ définition,\ on\ a\ \vec{u_r} = \cos\theta\,\vec{u_x} + \sin\theta\,\vec{u_y}.$

✎ Exprimer, par la relation de Chasles, l'angle $(\vec{u_x}, \vec{u_\theta})$ en fonction de θ. En déduire les composantes de $\vec{u_\theta}$ dans la base cartésienne.

$On\ a\ (\vec{u_x}, \vec{u_\theta}) = \theta + \dfrac{\pi}{2}.\ On\ a\ alors\ \vec{u_\theta} = \overrightarrow{u_{r+\pi/2}} = -\sin\theta\,\vec{u_x} + \cos\theta\,\vec{u_y}.$

Remarque : On a

$$\frac{\mathrm{d}\vec{u_r}}{\mathrm{d}\theta} = -\sin\theta\,\vec{u_x} + \cos\theta\,\vec{u_y} = \vec{u_\theta}$$

$$\frac{\mathrm{d}\overrightarrow{u_\theta}}{\mathrm{d}\theta} = -\cos\theta\,\overrightarrow{u_x} - \sin\theta\,\overrightarrow{u_y} = -\overrightarrow{u_r}.$$

Coordonnées sphériques

Dans le cas des problèmes à symétrie centrale (symétrie autour d'un point, ici, O), on utilise les coordonnées sphériques. Le point M est alors repéré par le triplet suivant (r, θ, φ).

$$r = \|\overrightarrow{OM}\|, \quad \theta = (\overrightarrow{u_z}, \overrightarrow{OM}), \quad \varphi = (\overrightarrow{u_x}, \overrightarrow{OK}).$$

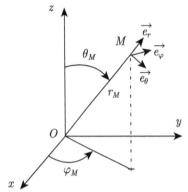

✎ Donner les domaines de définition des coordonnées (r, θ, φ).

On a $r \in [0; +\infty[$, $\theta \in [0; \pi[$ et $\varphi \in [0; 2\pi]$.

r est le $\boxed{\text{rayon}}$.

θ est la $\boxed{\text{colatitude}}$.

φ est la $\boxed{\text{longitude}}$.

★ Base locale des coordonnées sphériques

On définit une base $\boxed{\text{locale}}$ $(\overrightarrow{e_r}, \overrightarrow{e_\theta}, \overrightarrow{e_\varphi})$ qui se déplace avec le point M.

$\overrightarrow{e_r}$ est le vecteur radial unitaire suivant (ou porté par) $\overrightarrow{OM}$.

Dans le cas où on est à la surface de la Terre, $\overrightarrow{e_r}$ est dirigé suivant la verticale, $\overrightarrow{e_\theta}$ suivant le sud et $\overrightarrow{e_\varphi}$ suivant l'est.

✎ Exprimer le vecteur $\overrightarrow{OM}$ dans la base locale.

Par définition, on a $\overrightarrow{OM} = r\,\overrightarrow{e_r}$.

Pour passer des coordonnées sphériques aux coordonnées cartésiennes, on utilise les formules suivantes :

$$x = r\sin\theta\cos\varphi$$
$$y = r\sin\theta\sin\varphi$$
$$z = r\cos\theta$$

2.2   Vitesse et accélération

2.2.1   Trajectoire

> • **Définition :**   La trajectoire est l'ensemble des positions $M(t)$ du mobile
> ou point matériel au cours du temps.

Cet ensemble de points constitue une courbe. La nature de cette courbe dépend
du référentiel d'étude.

Exemple : on colle un point jaune sur une
roue de vélo.
✎ Quelle est la trajectoire dans le référentiel lié au vélo ? Dans le référentiel terrestre
$\mathcal{R}_{\mathcal{T}}$?

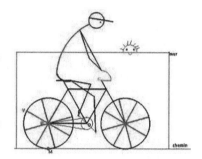

Dans le référentiel du vélo, la trajectoire du point jaune est un cercle. Dans le référentiel terrestre, c'est une cycloïde.

• Équations de la trajectoire dans $\mathcal{R}$

★ Cas des trajectoires planes :
L'équation cartésienne dans le plan xOy est de la forme $y = f(x)$.
L'équation polaire dans le plan xOy est de la forme $r = f(\theta)$.

★ Cas des trajectoires non planes :
L'équation paramétrée est de la forme $x(t), y(t), z(t)$ en coordonnées cartésiennes.
L'équation paramétrée est de la forme $r(t), \theta(t), z(t)$ en coordonnées cylindriques. L'équation paramétrée est de la forme $r(t), \theta(t), \varphi(t)$ en coordonnées sphériques.

• Mouvement circulaire uniforme à vitesse angulaire ω constante

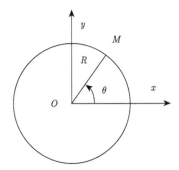

✎ Donner le paramétrage dans les 2 systèmes de coordonnées cartésiennes et polaires. On choisit comme condition initiale qu'à $t = 0$, $\theta = 0$.

Dans le système de coordonnées cartésiennes, on a

$$\begin{cases} x(t) &= R\cos(\omega t) \\ y(t) &= R\sin(\omega t) \end{cases}$$

Dans le système de coordonnées polaires, on a

$$\begin{cases} r(t) &= R \\ \theta(t) &= \omega t \end{cases}$$

Ce deuxième jeu de coordonnées est plus simple et donc plus adapté à la description d'un mouvement de rotation.

Définitions

• **Définition :** Le mobile ou point matériel est en M à l'instant t et en M' à l'instant $t + \mathrm{d}t$, on définit la vitesse en M comme :

$$\overrightarrow{v(M)} = \lim_{\mathrm{d}t \to 0} \frac{\overrightarrow{MM'}}{\mathrm{d}t} = \frac{\mathrm{d}\overrightarrow{OM}}{\mathrm{d}t}.$$

 $\vec{v}$ dépend du référentiel.

La corde $\overrightarrow{MM'}$ se confond avec la tangente en M lorsque M' tend vers M : le vecteur $\overrightarrow{v}(M)$ est tangent à la trajectoire en M, comme on peut le voir sur la figure ci-dessous.

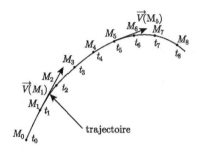

• **Définition :**   On définit l'accélération du point matériel M comme :

$$\overrightarrow{a(M)} = \frac{\mathrm{d}^2\overrightarrow{OM}}{\mathrm{d}t^2} = \frac{\mathrm{d}\overrightarrow{v}}{\mathrm{d}t}.$$

Pour ces deux grandeurs, il faut préciser le référentiel $\mathscr{R}$ d'étude et on peut choisir, pour un seul référentiel, plusieurs bases de projection. C'est pourquoi à partir de maintenant, on note le référentiel d'étude en indice, à droite : $\overrightarrow{a}_{\mathscr{R}}$.

Dans la suite du cours, on va utiliser soit $\overrightarrow{a}(M)_{\mathscr{R}}$ soit $\overrightarrow{a}_{\mathscr{R}}(M)$.

Remarque : *il est très important de bien comprendre dès maintenant la différence entre le référentiel et les systèmes de coordonnées : on peut étudier le mouvement d'un point dans le référentiel du laboratoire en utilisant les coordonnées cartésiennes ou les coordonnées cylindriques. Dans la dernière partie du cours, on va étudier les changements de référentiel. Dans cette première partie, on étudie le mouvement dans un unique référentiel d'étude.*

Expressions en coordonnées cartésiennes

On a $\overrightarrow{v(M)}_{\mathscr{R}} = \left.\dfrac{\mathrm{d}\overrightarrow{OM}}{\mathrm{d}t}\right)_{\mathscr{R}} = \dfrac{\mathrm{d}x}{\mathrm{d}t}\overrightarrow{u_x} + \dfrac{\mathrm{d}y}{\mathrm{d}t}\overrightarrow{u_y} + \dfrac{\mathrm{d}z}{\mathrm{d}t}\overrightarrow{u_z}$ car $\overrightarrow{u_x}, \overrightarrow{u_y}, \overrightarrow{u_z}$ sont des vecteurs fixes dans $\mathscr{R}$.

En physique, on note l'opération de dérivée temporelle par $\dot{x}$ au lieu de $\dfrac{dx}{dt}$ (qui se lit 'x point'). On a donc :

$$\overrightarrow{v(M)}_{\mathscr{R}} = \dot{x}\,\overrightarrow{u_x} + \dot{y}\,\overrightarrow{u_y} + \dot{z}\,\overrightarrow{u_z}$$

$$\overrightarrow{a(M)}_{\mathscr{R}} = \ddot{x}\,\overrightarrow{u_x} + \ddot{y}\,\overrightarrow{u_y} + \ddot{z}\,\overrightarrow{u_z}$$

Pour l'accélération qui correspond à une dérivée seconde, on lit 'x point point' ou 'x deux points'.

Remarque : *cette notation est réservée uniquement à la dérivation par rapport au temps.*

Expressions en coordonnées cylindriques

On a $\overrightarrow{OM} = r\overrightarrow{u_r} + z\overrightarrow{u_z}$. Par dérivation temporelle, on a :

$$\left.\frac{d\overrightarrow{OM}}{dt}\right)_{\mathscr{R}} = \frac{dr}{dt}\overrightarrow{u_r} + r\frac{d\overrightarrow{u_r}}{dt} + \frac{dz}{dt}\overrightarrow{u_z}$$

car $\overrightarrow{u_z}$ est fixe dans $\mathscr{R}$, mais pas $\overrightarrow{u_r}$!

Or, on a déjà vu que $\dfrac{d\overrightarrow{u_r}}{d\theta} = \overrightarrow{u_\theta}$. Or $\dfrac{dX}{dt} = \dfrac{dX}{d\theta} \times \dfrac{d\theta}{dt} = \dfrac{dX}{d\theta}\dot{\theta}$.

On a donc :

$$\overrightarrow{v(M)}_{\mathscr{R}} = \dot{r}\,\overrightarrow{u_r} + r\dot{\theta}\,\overrightarrow{u_\theta} + \dot{z}\,\overrightarrow{u_z}$$

Quand on dérive encore une fois l'expression de la vitesse par rapport au temps, on a :

$$\overrightarrow{a(M)}_{\mathscr{R}} = \ddot{r}\overrightarrow{u_r} + \dot{r}\dot{\theta}\overrightarrow{u_\theta} + \dot{r}\dot{\theta}\overrightarrow{u_\theta} + r\ddot{\theta}\overrightarrow{u_\theta} - r\dot{\theta}^2\overrightarrow{u_r} + \ddot{z}\overrightarrow{u_z}$$

Soit, en regroupant les différents termes puis en écrivant les différentes composantes :

$$\overrightarrow{a(M)}_{\mathscr{R}} = (\ddot{r} - r\dot{\theta}^2)\,\overrightarrow{u_r} + (r\ddot{\theta} + 2\dot{r}\dot{\theta})\,\overrightarrow{u_\theta} + \ddot{z}\,\overrightarrow{u_z}$$

2.3   Exemples de mouvement

2.3.1   Mouvement rectiligne

Quand une particule décrit une trajectoire rectiligne, les vecteurs vitesse et accélération sont portés par la droite sur laquelle s'effectue le mouvement.
Si la norme de la vitesse est constante, le mouvement est dit uniforme .
Si les vecteurs vitesse et accélération sont de même sens, le mouvement est accéléré .
Dans le cas contraire, il est décéléré .
Si l'accélération est constante, le mouvement est uniformément accéléré ou décéléré .

✎ Traduire mathématiquement à l'aide des vecteurs $\vec{v}$ et $\vec{a}$ que :
- le mouvement est uniforme :
- le mouvement est accéléré :
- le mouvement est décéléré :
- le mouvement est uniformément accéléré :
- le mouvement est uniformément décéléré :

On a les expressions mathématiques suivantes :

- le mouvement est uniforme : $\|\vec{v}\| = $ constante;

- le mouvement est accéléré : $\|\vec{a}\| \neq 0$ et $\vec{a} \cdot \vec{v} > 0$;

- le mouvement est décéléré : $\|\vec{a}\| \neq 0$ et $\vec{a} \cdot \vec{v} < 0$;

- le mouvement est uniformément accéléré : $\|\vec{a}\| = $ constante et $\vec{a} \cdot \vec{v} > 0$;

- le mouvement est uniformément décéléré : $\|\vec{a}\| = $ constante et $\vec{a} \cdot \vec{v} < 0$.

2.3.2   Mouvement à accélération constante

On considère le mouvement du point matériel M dans le référentiel $\mathscr{R}$, étudié dans la base cartésienne $(\vec{u_x}, \vec{u_y}, \vec{u_z})$.

M a une accélération constante a_0 suivant $\overrightarrow{u_x}$:

$$\overrightarrow{a(M)}_{\mathscr{R}} = a_0\overrightarrow{u_x}$$

Par intégration, on a, en utilisant la condition initiale sur la vitesse ($\overrightarrow{v}(t = 0) = \overrightarrow{v_0}$) et en notant α l'angle entre $\overrightarrow{v_0}$ et l'axe Ox :

$$\overrightarrow{v(M)}_{\mathscr{R}} = a_0 t\overrightarrow{u_x} + v_0\cos\alpha\,\overrightarrow{u_x} + v_0\sin\alpha\,\overrightarrow{u_y}$$

En intégrant une nouvelle fois par rapport au temps et en utilisant la condition initiale $M(t = 0) = M_0$:

$$\overrightarrow{OM} = \left(a_0\frac{t^2}{2} + v_0\cos\alpha\,t\right)\overrightarrow{u_x} + v_0\sin\alpha\,t\overrightarrow{u_y} + z_0\overrightarrow{u_z} + x_0\overrightarrow{u_x} + y_0\overrightarrow{u_y}$$

Le mouvement est plan, contenu dans le plan xOy, défini par l'accélération et la vitesse initiales.

Dans ce plan, la trajectoire suivie par le point matériel M est une parabole . On dit aussi que la trajectoire est parabolique. En effet :

$$x(y) = x_0 + \frac{a_0}{2}\left(\frac{y - y_0}{v_0\sin\alpha}\right)^2 + \cotan\alpha(y - y_0)$$

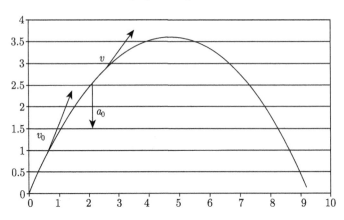

Remarque : *si $\overrightarrow{v_0}$ et $\overrightarrow{a_0}$ sont colinéaires, le mouvement est alors rectiligne.* ✎ Donner alors l'expression du vecteur $\overrightarrow{OM}$.

On a alors le vecteur position qui est donné par $\overrightarrow{OM} = \left(a_0\dfrac{t^2}{2} + v_0 t\right)\overrightarrow{u_x} + \overrightarrow{OM_0}$.

2.3.3   Mouvement rectiligne sinusoïdal

On considère un point matériel M qui se déplace sur un axe (Ox) avec $x(t) = A\cos(\omega t) + B\sin(\omega t)$ ou encore $x(t) = a\cos(\omega t + \phi)$.

✎ Si le mobile est lâché sans vitesse initiale de M_0, déterminer $x(t)$: déterminer les couples (A, B) ou (a, ϕ) à l'aide des conditions initiales ($x(0) = x_0$ et $v(0) = 0$). Représenter l'allure de la courbe $x(t)$. Déterminer la vitesse et l'accélération de M à tout instant. Quelle relation existe-t-il entre $x(t)$ et $\ddot{x}(t)$? En déduire l'équation différentielle de l'oscillateur harmonique de pulsation ω.

On a $x(t) = x_0 \cos(\omega t)$ car $A = x_0$ et $B = 0$, ou bien $a = x_0$ et $\phi = 0$. On en déduit par dérivation :

$\vec{v}(M) = -x_0 \omega \sin(\omega t)\vec{u_x}$ et l'accélération, en dérivant une nouvelle fois : $\vec{a}(M) = -x_0 \omega^2 \cos(\omega t)\vec{u_x}$.

On a $\ddot{x} = -\omega^2 x$ soit $\ddot{x} + \omega^2 x = 0$ qui est l'équation différentielle de l'oscillateur harmonique.

Remarque : *on parle d'oscillateur harmonique car le mouvement de M se fait à une seule pulsation. Cet adjectif est aussi utilisé en musique, on va voir pourquoi dans le cours d'électrocinétique au semestre 3.*

2.3.4   Mouvement circulaire

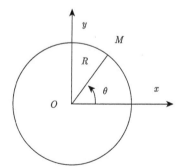

Le mobile M décrit un cercle de rayon R dans le référentiel d'étude $\mathscr{R}$. ✎ Quel est le système de coordonnées le plus adapté ?

Comme le point M a un mouvement plan, de rotation autour d'un *point, c'est mieux d'utiliser le repère polaire. On a* $\overrightarrow{OM} = R\overrightarrow{u_r}$.

✎ Exprimer alors le vecteur vitesse $\overrightarrow{v}(M)$.

En dérivant l'expression précédente par rapport au temps, on obtient $\overrightarrow{v}(M) = R\dot{\theta}\overrightarrow{u_\theta} = R\omega\overrightarrow{u_\theta}$ *(il ne faut pas oublier que les vecteurs de base sont mobiles).*

On dit que la vitesse est orthoradiale. On note $\omega = \dot{\theta}$, la vitesse angulaire qui s'exprime en rad/s ou rad.s^{-1}. On a $\overrightarrow{\omega} = \omega\overrightarrow{e_z}$.

✎ Exprimer alors le vecteur vitesse $\overrightarrow{v}(M)$ en fonction de $\overrightarrow{OM}$ et de $\overrightarrow{\omega}$.

On a alors $\overrightarrow{v}(M) = \overrightarrow{\omega} \wedge \overrightarrow{OM} = R\dot{\theta}\overrightarrow{u_\theta}$.

✎ Déterminer l'expression du vecteur accélération $\overrightarrow{a}(M)$.

On a alors $\overrightarrow{a}(M) = -R\dot{\theta}^2\overrightarrow{u_r} + R\ddot{\theta}\overrightarrow{u_\theta} = -R\omega^2\overrightarrow{u_r} + R\dot{\omega}\overrightarrow{u_\theta}$.

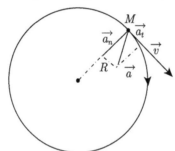

Dans le cas d'un mouvement circulaire uniforme, on a ω = constante soit $\boxed{\overrightarrow{a}(M)_{\mathscr{R}} = -R\omega^2\overrightarrow{e_r}}$. On dit qu'on a une accélération **centripète**, c'est-à-dire dirigée vers le centre du cercle.

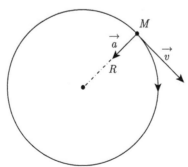

2.3.5   Mouvement cycloïdal

Une roue de rayon R et de centre C roule sans glisser sur un axe Ox. Le mouvement de la roue est paramétré par l'angle $\theta(t)$ défini sur la figure ci-dessous à partir de la position initiale (à $t = 0$, M est en O). Le référentiel d'étude est le référentiel du laboratoire.

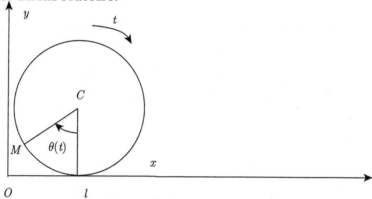

✎ 1. Exprimer la longueur de l'arc IM en fonction de R et de θ. En déduire l'abscisse du point M à tout instant t.

On a $IM = R\theta(t)$ et donc $x_M = x_C - R\sin\theta = R\theta - R\sin\theta$.

✎ 2. Montrer que $\overrightarrow{OM} = R(\theta - \sin\theta)\overrightarrow{u_x} + R(1 - \cos\theta)\overrightarrow{u_y}$.

On a, d'après la relation de Chasles : $\overrightarrow{OM} = \overrightarrow{OC} + \overrightarrow{CM}$ soit $\overrightarrow{OM} = R\overrightarrow{u_y} + R\theta\overrightarrow{u_x} - R\sin\theta\overrightarrow{u_x} - R\cos\theta\overrightarrow{u_y}$. D'où le résultat.

La trajectoire de M est une cycloïde .

✎ 3. Représenter l'allure de cette cycloïde en précisant les coordonnées des points caractéristiques.

On a l'allure suivante :

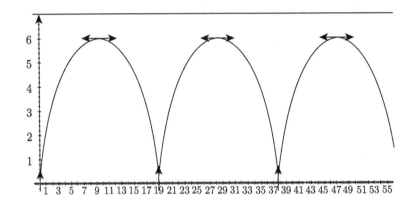

✍ 4. Calculer en fonction de R, θ et de ses dérivées, les composantes cartésiennes de la vitesse et de l'accélération de M.

On a :

$$\vec{v}(M) = R(1 - \cos\theta)\dot{\theta}\,\vec{u_x} + R\sin\theta\,\dot{\theta}\,\vec{u_y}$$

$$\vec{a}(M) = R(\ddot{\theta} + \dot{\theta}^2\sin\theta - \ddot{\theta}\cos\theta)\vec{u_x} + R(\cos\theta\,\dot{\theta}^2 + \sin\theta\,\ddot{\theta})\vec{u_y}.$$

✍ 5. Donner la vitesse et l'accélération de M à l'instant où celui-ci touche à nouveau l'axe Ox. Que pouvez-vous conclure ?

Au moment où M touche le sol, on a $\theta = 0 \mod 2\pi$ soit :

$$\vec{v}(M)_{Ox} = R(1 - \cos 2\pi)\dot{\theta}\,\vec{u_x} = 0\,\vec{u_x}$$

$$\vec{a}(M) = R(\ddot{\theta} - \ddot{\theta}\cos 2\pi)\vec{u_x} + R(\cos 2\pi\,\dot{\theta}^2)\vec{u_y} = R\dot{\theta}^2\,\vec{u_y}$$

La tangente est verticale.

Annexe A

Cinématique

A.1 Un peu de français

Vocabulaire
- un étalon/étalonner :
- une roue :
- glisser/le glissement :
- regrouper :
- judicieusement :
- relation de Chasles : $\overrightarrow{AC} = \overrightarrow{AB} + \overrightarrow{BC}$
- efficacement :

Chapitre 3

Dynamique du point en référentiel galiléen

On a vu dans le chapitre précédent la description de la trajectoire d'un point matériel. On va maintenant essayer de relier les causes et leurs effets. Si on connaît l'état du système à l'instant t_0, on souhaite maintenant le connaître à tout instant. On étudie une physique totalement déterministe.

3.1 Les forces

3.1.1 Définition

> • **Définition :** Une force est une grandeur vectorielle qui décrit une interaction entre le système et l'extérieur, capable de modifier ou de provoquer un mouvement.

La force s'exprime en newton, noté N.

Remarque : *une force est une grandeur vectorielle, on a besoin de son sens et de sa direction.*

On distingue 2 grandes familles de forces :
- les interactions à distance : le poids, la force électrostatique ;
- les interactions de contact : la tension d'un fil, la réaction du sol, la force de rappel d'un ressort.

Remarque : *les forces précédentes ne dépendent pas du référentiel choisi. On* *va voir plus tard seulement 3 forces particulières. L'écriture de ces trois forces dépend du référentiel d'étude: la force de frottement fluide $\vec{f_f} = -\alpha \vec{v}$, la force électromagnétique et les forces d'inertie (cf semestre 3) -l'expression de la vitesse dépend du référentiel-mais la formule générale donnant la force est la même dans tout référentiel.*

Nous allons maintenant étudier les caractéristiques de ces différentes forces.

3.1.2   Interaction électromagnétique

Il s'agit d'une interaction ou d'une force entre particules chargées. Elle est représentée par la force de Lorentz : $\vec{F} = q(\vec{E} + \vec{v}_{\mathscr{R}} \wedge \vec{B})$.

Dans le cas de l'électrostatique (statique= particules immobiles), on a

$$\vec{F} = \frac{q_1 q_2}{4\pi\varepsilon_0} \frac{1}{r_{12}^2} \vec{u_{12}}$$

avec r_{12} distance entre 1 et 2, ε_0 la permittivité du vide (à retenir : $\dfrac{1}{4\pi\varepsilon_0} = 9 \cdot 10^9$ F$^{-1}\cdot$m), $\vec{u_{12}}$ vecteur unitaire orienté de 1 vers 2.

$\vec{F}$ est à portée infinie : cette force tend vers 0 mais ne s'annule jamais.
$\vec{F}$ peut être répulsive (2 charges de même signe) ou attractive (2 charges de signe opposé).

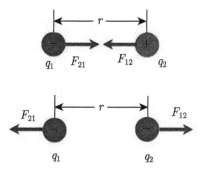

∗ D'après *Physics For Scientists and Engineers-Fifth Edition*, Serway

3.1.3 Interaction gravitationnelle

Il s'agit de l'interaction entre 2 masses m_1 et m_2, décrite par la force newtonienne :

$$\vec{F} = -\frac{G m_1 m_2}{r_{12}^2} \vec{e}_{12}$$

avec G, constante de gravitation universelle, $G = 6,67 \times 10^{-11}$ SI.

$\vec{F}$ est aussi à portée infinie.

$\vec{F}$ ne peut être qu'attractive.

Remarque : *dans les interactions à distance, il existe 2 autres types de forces: l'interaction nucléaire faible (qui a une portée de 10^{-18} à 10^{-17} m), force responsable de la cohésion des constituants du noyau atomique et de la désintégration radioactive du noyau avec émission d'un électron et l'interaction nucléaire forte (qui a une portée de l'ordre de 10^{-15} m), elle assure la cohésion des noyaux (force qui existe entre les nucléons). Vous allez étudier ces forces en cycle d'ingénieur, en années 4 et 5 de votre cursus.*

> Cadre du cours : on étudie le monde macroscopique : il existe seulement 2 interactions à distance à cette échelle : l'interaction gravitationnelle et l'interaction électromagnétique.

Maintenant, étudions les forces de contact.

3.1.4 Forces de contact

Force d'un ressort

On se place tout d'abord dans le cas d'un ressort horizontal. On considère un ressort de masse négligeable, de longueur au repos l_0, de constante de raideur k qui s'exprime en N·m^{-1}. Ce ressort est supposé totalement élastique : c'est-à-dire que lorsque le ressort est à la longueur l, il produit alors une force de rappel élastique, uniforme au niveau du ressort et de la forme :

$$\vec{f}_{\text{elas}} = -k(l - l_0)\vec{u}$$

avec $\vec{u}$ vecteur unitaire **TOUJOURS** orienté dans le sens de l'allongement.

C'est le modèle du ressort idéal.

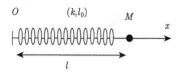

Le ressort a une de ses extrémités fixe en O et l'autre extrémité qui est attachée à une masse m, assimilée à un point matériel M.

✍ Vérifier sur les 3 cas suivants la formule qui donne la force de rappel du ressort notée $\vec{T}$.

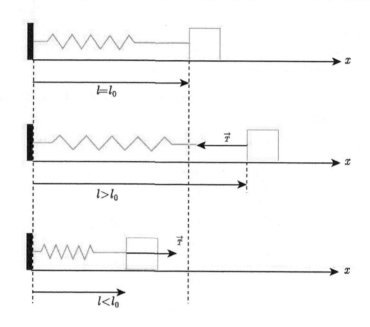

$Dans\ le\ premier\ cas,\ le\ ressort\ est\ au\ repos,\ la\ force\ est\ nulle.$

$Dans\ le\ deuxième\ cas,\ le\ ressort\ est\ étiré,\ la\ force\ de\ rappel\ le$
$ramène\ à\ la\ position\ l_0\ :\ l-l_0 > 0,\ \vec{T} = -k(l-l_0)\vec{u}\ en\ accord\ avec$
$le\ dessin.$

$Dans\ le\ troisième\ cas,\ le\ ressort\ est\ comprimé\ :\ l-l_0 < 0,\ la\ force$
$de\ rappel\ le\ ramène\ vers\ l_0,\ c'est\ bien\ en\ accord\ avec\ le\ dessin.$

Remarque : *même si la direction de la force de rappel change au cours du temps, la formule donnant cette force est valable à tout instant, la grandeur $l - l_0$ peut changer de signe !*

On étudie maintenant un ressort élastique, sans masse, au bout duquel on a suspendu une masse m. On a le schéma ci-contre :

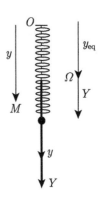

⚠️ Attention au vocabulaire, si on utilise le mot *suspendu*, alors le ressort est vertical.

En physique, dans ce genre d'exercices, on va souvent faire un changement d'origine. Voyons pourquoi :
la position d'équilibre de la masse est notée O'.

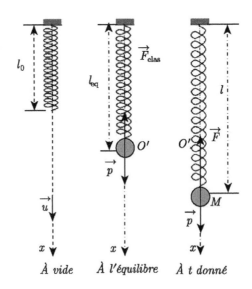

À vide   À l'équilibre   À t donné

À l'équilibre, on a $\sum \vec{F} = \vec{0} = \vec{P} + \vec{F_{\text{elas}}} = m\vec{g} - k(l_{\text{eq}} - l_0)\vec{e_x}$ soit encore

$$\boxed{l_{\text{eq}} = l_0 + \frac{mg}{k}}.$$

Ce résultat est logique : si la masse est enlevée, on retrouve $l_{\text{eq}} = l_0$ et plus la masse est importante, plus le ressort est étiré ou allongé (en accord avec le "bon sens").

Maintenant, à un instant quelconque, on a :

$$\sum \vec{F} = m\vec{g} - k(l - l_0)\vec{e_x}.$$

En remplaçant le poids par son expression avec l_{eq}, on a :

$$\sum \vec{F} = k(l_{eq} - l_0)\vec{e_x} - k(l - l_0)\vec{e_x} = -k(l - l_{eq})\vec{e_x} = -kX\vec{e_x}$$

en posant X la nouvelle abscisse de M : $X = \overline{O'M}$.

⋆ Quel est l'intérêt ?

On va voir dans la suite du cours qu'en faisant ce changement d'origine, on vient de passer de la résolution d'une équation différentielle linéaire du second ordre avec second membre à une équation différentielle linéaire du second ordre homogène...ce qui est beaucoup plus simple !

Tension d'un fil

On considère un fil de masse négligeable, inextensible (=de longueur constante) : c'est le modèle du fil idéal. On lui attache une masse m, supposée ponctuelle. Le fil est donc tendu : la masse m est retenue par la tension du fil, force colinéaire à la direction du fil, dirigée de l'objet vers le fil.

$\vec{T}$ est constante tout le long du fil : $\vec{T} = T(M)(-\vec{u_r})$.

Réaction d'un support solide

On considère un point matériel M posé sur un solide. On définit la normale en M au solide (S). La réaction du solide est obtenue grâce aux lois de Coulomb : $\vec{R} = \vec{R_N} + \vec{R_T}$ s'il y a frottement.

- Si M est immobile sur (S), $||\vec{R_T}|| \leqslant f_0||\vec{R_N}||$ où f_0 est le coefficient de frottement statique.

- Si M est mobile sur (S), on a $||\vec{R_T}|| = f_d||\vec{R_N}||$ où f_d est le coefficient de frottement dynamique.

Cas sans frottement : la réaction est normale

Cas avec frottement : une composante tangentielle et une composante normale

* D'après `wikipedia.fr`

Remarques :

- *si on ne donne que f, alors $f_0 \approx f_d \approx f$;*
- $\overrightarrow{R_N} = R_N \overrightarrow{n}$ *si $R_N > 0$, c'est la condition de contact. Si $R_N = 0$, alors le contact cesse.*
- *ces lois peuvent définir un cône de frottement : pour ne pas avoir de glissement, on doit avoir $\tan \varphi \leqslant f$.*
- *s'il n'y a pas de frottements, on a $R_T = 0$.*

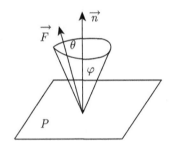

Cône de frottement
* D'après `www.ilephysique.net`

Ces lois sont phénoménologiques : elles sont issues de l'expérience. En effet, du point de vue microscopique, cette force provient de l'interaction électrostatique entre les atomes du support et ceux de l'objet. Cette force est très difficile à décrire avec une formule. On utilise donc des formules empiriques.

Beaucoup de forces macroscopiques résultent d'interactions microscopiques électrostatiques. Prenons, par exemple, le cas du ressort : sous l'effet d'un poids accroché à un ressort, les liaisons chimiques s'étirent. Si la déformation du réseau cristallin n'est pas trop importante, le réseau n'est que faiblement perturbé et l'effet est réversible : $f = -kx$ traduit expérimentalement, à l'échelle macroscopique, l'interaction coulombienne.

Frottement fluide

Cette force permet de rendre compte des effets de l'air ou d'un fluide sur le déplacement d'un point matériel. On modélise les frottements de l'air par exemple autour d'une voiture avec ces 2 modèles :

- aux faibles vitesses : le modèle linéaire ou modèle de Stokes $\vec{f_f} = -\alpha\,\vec{v}$;

- aux fortes vitesses : le modèle quadratique : $\vec{f_f} = -h v^2 \dfrac{\vec{v}}{\|\vec{v}\|}$.

✎ Quelle est la dimension du coefficient α ? de h ?

Le coefficient α a pour dimension $M \cdot T^{-1}$. Le coefficient h a pour dimension $M \cdot L^{-1}$.

Remarque 1 : *l'expression de ces forces peut être justifiée en thermodynamique avec l'interprétation microscopique du mouvement des particules d'air ou de fluide. Ceci fait appel aux statistiques et à la théorie cinétique des gaz parfaits que vous allez étudier l'année prochaine, au semestre 4.*

Remarque 2 : *les coefficients présents dans ces forces sont déterminés expérimentalement. Par exemple, dans l'industrie automobile, on place la voiture dans une soufflerie et on mesure différents paramètres pour trouver l'expression de h ou de α pour une voiture donnée.*

3.2   Les lois de Newton

Ces lois ont été publiées par Isaac Newton en 1687 dans son ouvrage majeur *Principes mathématiques de la philosophie naturelle*. Dans cet ouvrage, on trouve les lois du mouvement, l'expression de la force de gravitation, les lois de Kepler, l'étude des marées, les collisions,...

3.2.1 Principe d'inertie

On postule l'existence de référentiels galiléens $\mathscr{R}_g$. Dans ces référentiels, une particule mécaniquement isolée, c'est-à-dire soumise à aucune interaction extérieure, en mouvement dans $\mathscr{R}_g$, est en translation rectiligne uniforme. Si cette particule est initialement au repos dans $\mathscr{R}_g$, elle reste dans cet état.

Remarque : les référentiels galiléens sont tous en translation rectiligne uniforme les uns par rapport aux autres.

• Transformation de Galilée :

Soit $\mathscr{R}'$ en mouvement de translation rectiligne uniforme par rapport à $\mathscr{R}$, on choisit les repères d'espace associés R' et R tels que :

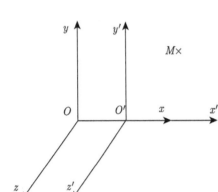

- les axes Ox et Ox' coïncident et à $t = 0$, les origines O et O' sont confondues.
- la vitesse $\vec{u}$ de O' dans R soit parallèle à ces axes communs : $\overrightarrow{OO'} = \vec{u}\,t = ut\,\vec{i}$.
La transformation de Galilée permet de passer de $\mathscr{R}'$ à $\mathscr{R}$.

✎ Exprimer $\overrightarrow{OM}$ en fonction de $\overrightarrow{OO'}$ et $\overrightarrow{O'M}$, en déduire la relation entre les coordonnées (x, y, z) de M dans R et celles (x', y', z') de M dans R'. Montrer que l'accélération d'un point est la même dans tout référentiel galiléen.

D'après la relation de Chasles, on a $\overrightarrow{OM} = \overrightarrow{OO'} + \overrightarrow{O'M}$ soit, en projetant sur les 3 axes :

$$
\begin{cases}
x = ut + x' \\
y = y' \\
z = z'
\end{cases}
\Longrightarrow
\begin{cases}
\dot{x} = u + \dot{x}' \\
\dot{y} = \dot{y}' \\
\dot{z} = \dot{z}'
\end{cases}
\Longrightarrow
\begin{cases}
\ddot{x} = \ddot{x}' \\
\ddot{y} = \ddot{y}' \\
\ddot{z} = \ddot{z}'
\end{cases}
$$

Ici, on admet l'existence de tels référentiels. Pour la plupart des expériences, le référentiel terrestre peut être considéré comme galiléen.

Dans un certain nombre d'autres cas comme par exemple, la déviation vers l'Est des corps qui tombent en chute libre, il n'est pas possible de considérer le référentiel terrestre comme galiléen (cf chapitre sur les "Référentiels non galiléens").

On va prendre alors le référentiel géocentrique (repère qui a pour origine le centre de la Terre et 3 axes définis par des étoiles très éloignées, considérées comme fixes) comme galiléen.

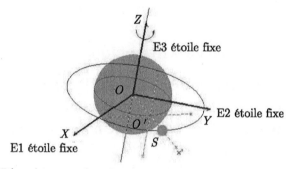

* D'après guy.chaumeton.pages-perso.orange.fr

Le référentiel terrestre en pointillés et le référentiel géocentrique en traits pleins.

Pour l'étude des mouvements des planètes ou des sondes interstellaires, on utilise le référentiel héliocentrique ou référentiel de Kepler (repère qui a pour origine le centre du Soleil et 3 axes définis par des directions stellaires fixes). On peut aussi utiliser le repère de Copernic qui a pour origine le centre d'inertie du système solaire et les 3 axes vers 3 étoiles fixes.

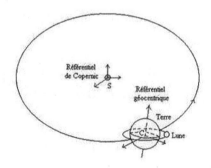

* D'après www.sciences.univ-nantes.fr

Vocabulaire :

Une particule mécaniquement isolée peut être aussi qualifiée de particule libre . Le contraire est une particule liée .

⚠ On va voir plus tard dans le cours qu'on peut aussi parler d'état libre et d'état lié pour un système. Cela n'a pas le même sens ! Faites bien attention aux mots que vous employez !

La première loi de Newton est très importante car c'est elle qui postule l'existence des référentiels galiléens mais, pour étudier la trajectoire d'un objet soumis à des forces données, c'est la deuxième loi de Newton qui est utile.

3.2.2   Principe fondamental de la dynamique

> **On se place dans un référentiel galiléen. Dans un tel référentiel, la dérivée temporelle du vecteur quantité de mouvement $\vec{p} = m\vec{v}$ est égale à la somme des forces qui s'exercent sur le point matériel. On a alors**
>
> $$\left.\frac{\mathrm{d}\vec{p}}{\mathrm{d}t}\right)_{\mathcal{R}} = \sum_i \vec{F}_i$$

★ Cette relation s'écrit aussi $m\vec{a}(M)_{\mathcal{R}} = \sum_i \vec{F}_i$ si et seulement si la masse du système ne varie pas au cours du temps (attention, par exemple, au cas d'une fusée sa masse varie à cause du carburant qui est consommé).

★ Cette loi a plusieurs noms : deuxième loi de Newton, principe fondamental de la dynamique, théorème de la résultante dynamique, ...

★ Dans le cas d'un système isolé , on retrouve le principe d'inertie : $\forall i, \vec{F}_i = \vec{0}$ soit $m\vec{a} = \vec{0} \Longrightarrow \vec{v} = \overrightarrow{\mathrm{cste}}$.

★ Cette égalité permet de déterminer la trajectoire de M si les forces sont connues et inversement : si on connaît la trajectoire, on peut connaître la somme totale des forces.

★ Cas des systèmes pseudo-isolés : ce sont des systèmes pour lesquels $\sum_i \vec{F}_i = \vec{0}$ soit $\vec{p} = \overrightarrow{\mathrm{cste}}$: ils sont animés d'un mouvement rectiligne uniforme dans un référentiel galiléen.

3.2.3   Troisième loi de Newton : principe des actions réciproques

> On considère 2 points matériels M_1 et M_2 dont les forces d'interaction
> réciproques sont notées $\vec{F}_{12}$ et $\vec{F}_{21}$. Alors, on a :
> - $\vec{F}_{12} = -\vec{F}_{21}$
> - les forces $\vec{F}_{12}$ et $\vec{F}_{21}$ s'exercent sur la même droite, la droite qui passe
> par M_1 et M_2.

⚠ Cette troisième loi comporte bien 2 éléments : on sait que les forces
d'interaction sont opposées mais en plus, on connaît leur direction. C'est une
information précieuse, il ne faut pas l'oublier.

3.2.4   Commentaires

• Première loi : une particule isolée est une particule soumise à aucune force :
cette loi définit les référentiels galiléens et postule leur existence.

• Deuxième loi : elle permet l'étude expérimentale des forces à partir de la
cinématique.
L'accélération est d'autant plus grande que la masse est petite à force exercée
égale (l'accélération et la masse sont inversement proportionnelles à force
égale).
Exemple : pour changer la trajectoire du Titanic, il faut exercer une très grande
force ! Ou si vous exercez la même force sur un livre et sur un meuble, le livre
va se mettre en mouvement, alors que le meuble, non !

• Troisième loi : elle n'est valable que si les particules sont ponctuelles (donc,
attention, seulement si on peut modéliser les 2 corps par des points matériels) :
si elles ne le sont pas, les forces ne sont plus dirigées suivant la droite $M_1 M_2$.
Si on prend l'exemple du système Terre-Lune, si on étudie ce système (équilibre, rotation), on peut considérer la Terre et la Lune comme ponctuelles. Si
on étudie les marées à la surface de la Terre, on ne peut pas considérer la
Terre comme ponctuelle.
Cette loi n'est pas valable en mécanique relativiste car les interactions ne sont
plus instantanées (vous allez voir cela en années 4 et 5 de votre cursus).

3.3　Étude de différents mouvements

3.3.1　Méthode

Voici la méthode à suivre **rigoureusement !**

- Définir le système
- Définir le référentiel
- Choisir la base de projection la plus adaptée à l'exercice (existence ou non d'axe de symétrie, de centre de symétrie)
- Faire le bilan des forces avec un schéma
- Choisir la méthode de résolution : mise en équation puis résolution
- Vérifier l'homogénéité du résultat et encadrer le résultat !
- Application numérique : vérification de l'ordre de grandeur
- Commentaires physiques

3.3.2　Mouvement dans le champ de pesanteur sans résistance de l'air

Sans vitesse initiale

On étudie le mouvement d'un point matériel M de masse m dans le champ de pesanteur uniforme $\vec{g}$, lâché d'une hauteur H, en mouvement de chute libre.

Système : le point matériel M de masse m
Référentiel : le référentiel terrestre $\mathscr{R}_T$ supposé galiléen
Choix de la base de projection : on choisit la base cartésienne $(\vec{e_x}, \vec{e_y}, \vec{e_z})$
Bilan des forces : seulement le poids $\vec{P} = m\vec{g}$ (définition de la chute libre)
Méthode : on applique le principe fondamental de la dynamique au point matériel M. On a :

$$m\vec{a} = m\vec{g} \text{ soit } \vec{a} = \vec{g} = -g\vec{e_z}$$

Par projection sur l'axe Oz, on a :

$$\ddot{z} = -g \text{ soit, par intégration } \dot{z} = -gt + K \text{ avec } K \text{ constante}$$

Or, à $t = 0$, $\vec{v} = \vec{0}$ (le point matériel est lâché (= vitesse initiale nulle)).

Remarque : *attention au vocabulaire, quand on écrit "lancé", la vitesse initiale est non nulle. Quand on écrit "lâché", la vitesse initiale est nulle.*

La projection sur les axes Ox et Oy donne :

$$\dot{x} = 0 \text{ et } \dot{y} = 0$$

On intègre une nouvelle fois en utilisant les conditions initiales ($M(t = 0) = (x_0, y_0, H)$:

$$x(t) = x_0 \qquad y(t) = y_0 \qquad z(t) = -g\frac{t^2}{2} + H$$

On a un mouvement rectiligne uniformément accéléré le long de l'axe vertical.

Avec vitesse initiale

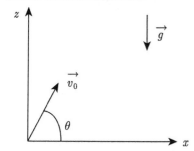

Une particule est lancée d'un point O pris pour origine avec une vitesse initiale v_0 qui fait un angle θ avec l'horizontale Ox.
A.N. : $v_0 = 100$ m/s, $\theta = 60°$, $g = 10$ m·s^{-2}.

✎ Établir l'équation paramétrée de la trajectoire. En déduire son équation cartésienne $z(x)$.
Déterminer la hauteur z_m maximale atteinte, la portée l sur l'horizontale.

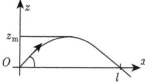

Système : la particule

Référentiel : terrestre supposé galiléen

Bilan des forces : le poids $\vec{P}$

Principe fondamental de la dynamique : on a donc $m\vec{a} = m\vec{g}$

Projections sur Ox et Oz

On a alors le système d'équations suivant :

$$\begin{cases} \ddot{x} &= 0 \\ \ddot{z} &= -g \end{cases}$$

soit par intégration, en utilisant les conditions initiales :

$$\begin{cases} \dot{x} &= v_0 \cos\theta \\ \dot{z} &= -gt + v_0 \sin\theta \end{cases}$$

En intégrant une nouvelle fois et en utilisant le fait que la particule est lancée depuis le point O, on a :

$$\begin{cases} x &= v_0 \cos\theta\, t \\ z &= -\dfrac{gt^2}{2} + v_0 \sin\theta\, t \end{cases}$$

On en déduit les expressions de la hauteur maximale z_m atteinte :

$$z_m = \frac{v_0^2 \sin^2\theta}{2g} \quad \text{et la portée} \quad l = \frac{v_0 \sin(2\theta)}{g}.$$

• **Parabole de sûreté :**

On cherche l'ensemble des points de l'espace que l'on peut atteindre avec un projectile lancé de O avec une vitesse v_0 donnée en norme mais de direction variable.

✎ Établir l'équation du second degré en $X = \tan\alpha$ pour que la particule lancée avec une vitesse initiale v_0 atteigne un point M de coordonnées x et z données.

L'équation de la trajectoire est la suivante :

$$z_0(x_0) = -\frac{gx_0^2}{2v_0^2 \cos^2\alpha} + x_0 \tan\alpha = -\frac{gx_0^2}{2v_0^2}(1 + X^2) + x_0 X \quad \text{si on pose } X = \tan\alpha.$$

On a une équation du second degré en X de discriminant $\Delta = x_0^2 - 4\left(z_0 + \dfrac{x_0^2}{4h}\right)\dfrac{x_0^2}{4h}$ avec $h = v_0^2/2g$.

✎ Établir la condition sur x et z pour qu'il y ait des solutions à l'équation.

Pour qu'il y ait des solutions à l'équation, on doit avoir $\Delta \geq 0$. Le cas $\Delta = 0$ correspond à $z_0 = h - \dfrac{x_0^2}{4h}$, équation de la parabole de sûreté.

✎ Montrer que les points accessibles sont à l'intérieur d'une parabole d'équa-

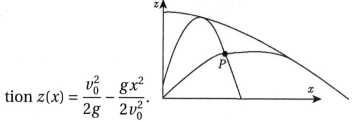

tion $z(x) = \dfrac{v_0^2}{2g} - \dfrac{gx^2}{2v_0^2}$.

Les autres points correspondent à $\Delta > 0$ soit $z(x) < \dfrac{v_0^2}{2g} - \dfrac{gx^2}{2v_0^2}$, ils sont en-dessous de la parabole. Pour un point à l'intérieur, on a 2 solutions. Pour un point sur la parabole, on a une seule solution (double). Au-delà de la parabole, il n'y a pas de solution.

3.3.3   Mouvement avec résistance de l'air

On va étudier le même cas que précédemment (mobile lancé avec un angle θ) mais cette fois-ci, on va considérer les frottements de l'air qu'on modélise par une force de frottement linéaire $\vec{f_f} = -\alpha \vec{v}$.

On étudie donc le mouvement d'un point matériel M de masse m (le système) dans le référentiel terrestre supposé galiléen (choix du référentiel). On va utiliser une base cartésienne (choix de la base). Le point matériel est soumis à 2 forces : le poids $\vec{P} = m\vec{g}$ et le frottement fluide $\vec{f_f} = -\alpha \vec{v}$ (bilan des forces).

✎ Faire un schéma.

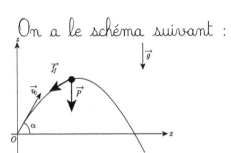

On a le schéma suivant :

D'après le principe fondamental de la dynamique appliqué au point matériel M dans le référentiel terrestre considéré galiléen, on a :

$$m\vec{a} = \vec{P} + \vec{f_f} = m\vec{g} - \alpha\vec{v}$$

Soit encore, sous forme canonique :

$$\frac{d\vec{v}}{dt} + \frac{\alpha}{m}\vec{v} = \vec{g}$$

Ce qui nous donne, en projection sur l'axe Oz, vertical :

$$\dot{v}_z + \frac{\alpha}{m}v_z = -g$$

On reconnaît une équation différentielle linéaire du premier ordre à coefficients constants avec second membre. La résolution de ce type d'équation se fait en 2 parties (cf cours de physique en français au S1) : la solution de l'équation homogène ou sans second membre (essm) et la solution particulière. Au final, on a $v(t) = v_{\text{ssm}}(t) + v_{\text{part}}$.

Pour les autres projections, on a seulement : $\dot{v}_i + \dfrac{\alpha}{m}v_i = 0$ de solution $v_i(t) = Ae^{-t/\tau}$ avec $A_x = V_0\cos\theta$. Les composantes $v_i(t)$ disparaissent au bout d'un temps t suffisamment long.

★ Résolution de l'équation homogène ou sans second membre :

$$\frac{dv}{dt} + \frac{\alpha}{m}v = 0$$

On pose $\tau = \dfrac{m}{\alpha}$ qui est homogène à un temps.

La solution de cette équation différentielle est donnée par :

$$v_{\text{ssm}} = Ae^{-t/\tau} \text{ avec } A \text{ constante à déterminer plus tard}$$

⋆ Recherche de la solution particulière :

Elle est de même nature que le second membre soit ici, une constante. On a donc, comme la dérivée d'une constante est nulle :

$$v_{\text{part}} = -\frac{mg}{\alpha}$$

⋆ Solution :

On a donc

$$v(t) = Ae^{-t/\tau} - \frac{mg}{\alpha}$$

Or, on a initialement $v(0) = v_0 \sin\theta$ car le point matériel est lancé. On a donc $A = \dfrac{mg}{\alpha} + v_0 \sin\theta$.

Finalement, on obtient :

$$\boxed{v_z(t) = \frac{mg}{\alpha}\left(e^{-t/\tau} - 1\right) + v_0 \sin\theta\, e^{-t/\tau}}.$$

• Commentaires :

On observe l'existence d'une vitesse limite, atteinte en régime permanent .

En effet, $v_\infty = -\dfrac{mg}{\alpha}$, indépendante des conditions initiales. Elle est obtenue après un régime transitoire de quelques τ.

✍ Vérifier que τ est bien homogène à un temps.

On a $[\tau] = \dfrac{M}{M \cdot L \cdot T^{-2}/(L \cdot T^{-1})} = T$.

On introduit le temps caractéristique τ pour mettre l'équation différentielle du mouvement sous forme canonique : l'idée étant qu'on va croiser ce type d'équation dans différents domaines de la physique (mécanique, électricité, thermodynamique) et ainsi, la résolution aura déjà été faite. On va voir au semestre 3 comment obtenir des équations différentielles universelles, c'est-à-dire sans dimension : c'est la méthode de Curie (du nom de Pierre Curie qui l'a introduite en 1906).

3.3.4 Mouvement d'une masse accrochée à un ressort

On s'intéresse ici au mouvement d'un point matériel M de masse m accroché à un ressort parfaitement élastique, de masse négligeable, de constante de raideur k et de longueur à vide l_0 et dont l'autre extrémité est fixe.
On néglige tout frottement. Le point matériel est lâché en $x = a$ avec $a > l_0$ à l'instant initial.

✍ Déterminer l'équation différentielle du mouvement puis donner l'équation horaire $x(t)$ du point matériel.

On étudie le point matériel M de masse m dans le référentiel terrestre supposé galiléen. On choisit les coordonnées cartésiennes.

✎ Faire un schéma.

On a le schéma suivant :

Le point matériel est soumis à trois forces : le poids $\vec{P}$, la réaction du support $\vec{R}$ et la force de rappel du ressort $\vec{F}_{elas}$.
D'après le principe fondamental de la dynamique appliqué à M dans le référentiel terrestre supposé galiléen, on a :

$$m\vec{a} = \vec{P} + \vec{R} + \vec{F}_{elas}$$

En projection sur l'axe Ox, on a $m\ddot{x} = -k(x - l_0)$.
En projection sur l'axe Oz, on a $0 = R - mg$. En effet, l'accélération verticale du point matériel est nulle car celui-ci ne décolle pas ou ne s'enfonce pas sur le support (il n'y a pas de mouvement vertical, seulement un mouvement unidirectionnel suivant Ox).

L'équation différentielle qui régit le mouvement est alors :

$$\ddot{x} + \frac{k}{m}x = \frac{k}{m}l_0.$$

On reconnaît l'équation différentielle de l'oscillateur harmonique de pulsation $\omega_0 = \sqrt{\dfrac{k}{m}}$.

Les solutions de l'équation homogène ou sans second membre sont de la forme :

$$x(t) = A\cos(\omega_0 t + \varphi) = C\cos(\omega_0 t) + D\sin(\omega_0 t)$$

où (A, φ) ou (C, D) sont des constantes à déterminer en fonction des conditions initiales.

La solution particulière est de même nature que le second membre soit une constante $x_{\text{part}} = l_0$. Or, initialement, on a $x(0) = a$ et $\dot{x}(0) = 0$ ce qui nous donne le système suivant :

$$\begin{cases} A\cos\varphi + l_0 &= a \\ A\omega_0\sin\varphi &= 0 \end{cases} \Longrightarrow \begin{cases} \varphi &= 0 \\ A &= a - l_0 \end{cases}$$

ou

$$\begin{cases} C + D \times 0 + l_0 &= a \\ \omega_0 C\sin(\omega_0 \times 0) - D\omega_0\cos(\omega_0 \times 0) &= 0 \end{cases} \Longrightarrow \begin{cases} C &= a - l_0 \\ D &= 0 \end{cases}$$

Les deux solutions sont heureusement identiques !

Finalement, on obtient :

$$x(t) = (a - l_0)\cos(\omega_0 t) + l_0.$$

3.3.5 Le pendule simple

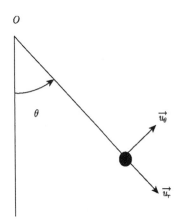

Soit un pendule simple formé par un fil souple OM, de longueur l et de masse négligeable. On attache une masse m ponctuelle à l'extrémité de ce fil. Cette masse ponctuelle est lancée depuis la position d'équilibre stable avec une vitesse v_0 horizontale. Sa position est repérée par l'angle θ que fait la direction du fil avec la verticale.

✎ Écrire la relation fondamentale de la dynamique dans la base locale des coordonnées polaires.

On a $m\vec{a} = \vec{P} + \vec{T}$ soit

$$\begin{cases} m(\ddot{r} - r\dot{\theta}^2) &= P_r - T \\ m(2\dot{r}\dot{\theta} + r\ddot{\theta}) &= P_\theta \end{cases} \implies \begin{cases} -ml\dot{\theta}^2 &= mg\cos\theta - T \\ ml\ddot{\theta} &= -mg\sin\theta \end{cases}$$

✎ En déduire l'équation différentielle en θ et l'expression de la tension du fil T telle que $\vec{T} = -T\vec{u_r}$.

On en déduit $T = mg\cos\theta + ml\dot{\theta}^2$.

• Cas des mouvements de faible amplitude

On considère les mouvements de faible amplitude (vitesse de lancement v_0 en $\theta = 0$ faible).

✎ En assimilant, dans ce cas, $\sin\theta$ à θ, montrer que l'équation différentielle du mouvement se met sous la forme canonique d'un oscillateur harmonique. Préciser alors la pulsation ω_0 de celui-ci. Donner la loi horaire du mouvement en utilisant les conditions initiales. Préciser l'amplitude et la période des oscillations en fonction de l, g et v_0.

On en déduit $\ddot{\theta} + \dfrac{g}{l}\theta = 0$ qui est l'équation d'un oscillateur harmonique de pulsation $\omega_0 = \sqrt{\dfrac{g}{l}}$ qui a pour solution $\theta(t) = \theta_0 \cos(\omega_0 t) + \theta_1 \sin(\omega_0 t)$

avec $\theta(0) = 0$ et $\dot\theta(0) = v_0/l$ soit $\boxed{\theta(t) = \dfrac{v_0}{l\omega_0} \sin(\omega_0 t)}$. L'amplitude est

$v_0/(l\omega_0)$ et la période $T_0 = 2\pi\sqrt{l/g}$. La période propre T_0 est in-dépendante des conditions initiales : on dit qu'on a isochronisme des oscillations.

• Facteur intégrant-Expression de la tension T du fil

✎ En utilisant le facteur intégrant $d\theta/dt$, montrer à partir de l'équation différentielle générale que :

$$\left(\frac{d\theta}{dt}\right)^2 = \frac{v_0^2}{l^2} + \frac{2g}{l}(\cos\theta - 1).$$

Montrer que la tension T du fil se met sous la forme :

$$T = mg(3\cos\theta - 2) + \frac{mv_0^2}{l}.$$

On a, d'après le principe fondamental de la dynamique : $l\ddot\theta + g\sin\theta = 0$, équation différentielle non linéaire. Multiplions-la par $\dot\theta$, on a : $l\ddot\theta\dot\theta + g\sin\theta\dot\theta = \dfrac{d}{dt}\left(\dfrac{1}{2}l\dot\theta^2\right) + \dfrac{d}{dt}(-g\cos\theta) = 0$. On a donc, en évaluant entre l'instant initial $(t = 0)$ et l'instant t :

$$\frac{l\dot\theta^2}{2} - g\cos\theta = \frac{v_0^2}{2l} - g.$$

On a donc : $\dot\theta^2 = \dfrac{v_0^2}{l^2} - \dfrac{2g}{l}(1 - \cos\theta)$ qui est la forme demandée. En remplaçant dans l'expression précédente pour T, on a :

$$T = mg\cos\theta + ml\left(\frac{v_0^2}{l^2} + \frac{2g}{l}(\cos\theta - 1)\right) = \frac{mv_0^2}{l} + mg(3\cos\theta - 2).$$

• Mouvement oscillatoire non harmonique-condition pour qu'un fil souple reste tendu

On a des oscillations (harmoniques ou non) s'il existe une valeur $\theta_{\max} < \pi$, maximum de θ pour laquelle $d\theta/dt$ s'annule.

✎ Exprimer $\cos\theta_{max}$ en fonction de v_0. A quelle condition sur v_0 a-t-on des oscillations ?

Comme on a $\dot\theta = 0$, ceci implique $\dfrac{v_0^2}{2gl} = 1 - \cos\theta$ soit $\cos\theta_{max} = 1 - v_0^2/(2gl)$. Or, par définition, $\cos\theta \in [-1;1]$ soit $v_0^2 \leqslant 4gl$ d'où $0 \leqslant v_0 \leqslant 2\sqrt{gl}$.

Dans le cas d'un fil souple, cette condition n'est pas suffisante car le fil peut se détendre. ✎ Justifiez que le fil reste tendu quelque soit t s'il est tendu en $\theta = \theta_{max}$.

La tension T est une fonction décroissante de θ. Si la tension est suffisante en θ_{max}, alors le fil sera toujours tendu.

✎ Montrer que, pour avoir des oscillations d'amplitude $\theta_{max} < \pi/2$, la condition suivante doit être vérifiée $v_0 < \sqrt{2gl}$.

On a $\theta_{max} < \pi/2$ si et seulement si $\cos(\theta_{max}) = 0 = 1 - \dfrac{v_0^2}{2gl}$ soit $v_0 < \sqrt{2gl}$ et il faut que le fil soit tendu soit $T(\theta_{max}) = \dfrac{mv_0^2}{l} - 2mg > 0$. On veut $T(\theta_{max} = \pi/2) = 0$ et $\theta \in [0;\pi/2[$ soit $v_0 < \sqrt{2gl}$.

• Mouvement révolutif-condition pour qu'un fil souple reste tendu

✎ À quelle condition sur v_0 a-t-on un mouvement révolutif ou de révolution ? Cette condition n'est-elle pas suffisante dans le cas d'un fil souple ? En quel point doit-il être tendu pour qu'il en soit ainsi ?

On a un mouvement révolutif si $\dot\theta > 0$ en $\theta = \pi$ soit $v_0 > 2\sqrt{gl}$. C'est une condition non suffisante pour le fil souple, il doit aussi être tendu en $\theta = \pi$ soit $v_0^2 \geqslant 5gl$ ou encore $v_0 \geqslant \sqrt{5gl}$.

★ Résumé :

Pour faire un bilan, on a le tableau suivant :

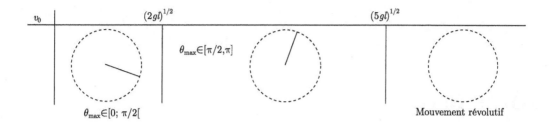

Annexe B

Dynamique du point en référentiel non galiléen

B.1   Un peu de français

Vocabulaire
- déterministe (adj)/ le déterminisme :
- une interaction/ interagir :
- négligeable (adj)/négliger :
- coïncider :
- soumis (adj) :
- décoller :

Formulations

Toutes ces phrases veulent dire la même chose :
C'est l'équation différentielle qui régit le mouvement (*mise en relief*)
= Le mouvement obéit à cette équation différentielle
= Le mouvement est régi par cette équation différentielle (*voix passive étudiée dans Connexions 2, unité 8*).

B.2   Histoire de la mécanique

« Au commencement était la mécanique. » Ce mot du physicien allemand Max von Laue dans son Histoire de la physique (1953, trad. de Geschichte der Physik, 1946) est profondément vrai.

La mécanique regroupe, en effet, les procédés de fabrication des outils et l'étude des raisons des mouvements. Son histoire commence réellement en Europe aux 17ème et 18ème siècles.

B.2.1   « Les Méchaniques » au début du 17ème siècle

C'est le titre d'un ouvrage de jeunesse de Galilée publié à Paris en 1634. Cet ouvrage décrit les machines employées, en essayant de les classer selon les principes qu'elles utilisent ; cet ouvrage traite cependant essentiellement de problèmes en statique (= pas de mouvement).

Un des problèmes qui se pose concerne le plan incliné. En effet, à l'époque, il n'est pas du tout clair qu'on puisse expliquer la chute d'un objet le long d'un plan incliné par l'action de la pesanteur alors que c'est plutôt la résistance du sol qui assure l'équilibre.

L'autre grande famille de machines qui, elle, est comprise concerne les leviers : les *Méchaniques* de Galilée introduisent la notion de moment. L'abbé Mersenne (1588—1648) traduit l'équilibre par l'égalité des moments.

Un des autres sujets de recherche à l'époque concerne la balistique, qui est du plus grand intérêt pour les princes guerriers. Tartaglia (1499—1557) démontre que la trajectoire d'un objet ne peut être rectiligne, mais la forme exacte n'est pas trouvée (le calcul différentiel n'existe pas). La théorie en vogue met en jeu l'"impetus" qui, dans le cas du lancer, est violent et est le moteur de la première phase d'ascension, ensuite il s'essouffle et disparaît pour laisser la place à l'"impetus" naturel, responsable de la chute finale.

Traité de balistique de Tartaglia

∗ D'après wikipedia.fr

B.2.2 De Galilée à Newton

Dans l'histoire de la mécanique, il est nécessaire de citer l'ouvrage de Galilée *Discours et démonstrations mathématiques concernant deux sciences nouvelles* publié en 1638.

Le premier sujet de l'ouvrage traite de la résistance des matériaux. En effet, Galilée observe aux arsenaux de Venise que la similitude géométrique entre deux machines n'entraîne nullement leur similitude mécanique : pourquoi étudier les maquettes alors ? Cette observation ouvre la voie aux réflexions sur la structure de la matière et sur sa résistance, de nouveaux problèmes qui lient intimement mathématiques et physique.

Le deuxième sujet est la mécanique des corps pesants : c'est la première fois que sont définis les termes de mouvement uniforme et mouvement uniformément accéléré.

Les résultats exposés sont les suivants : tous les corps ont le même mouvement de chute et les différences observées ne tiennent qu'à la résistance de l'air. Sur un plan horizontal, le mouvement d'un corps est uniforme. Pour le plan incliné, l'accélération du mobile chute avec l'inclinaison. L'accélération sur le plan incliné se relie à celle de la chute verticale à la condition que la vitesse acquise à partir du repos est la même dans les deux cas pour la même hauteur de chute (de nos jours, conservation de l'énergie).

Ceci ouvre la voie aux recherches d'Huygens, Roberval...Mais il subsiste des zones d'ombre : la frontière entre cinématique et dynamique, la différence entre force et vitesse ne sont pas encore saisies...

Il faut alors attendre l'ouvrage de Newton, *Principes mathématiques de la philosophie naturelle* publié en 1687. C'est la première fois qu'est énoncé le principe d'inertie *Le mouvement de tout point matériel isolé est rectiligne et uniforme*. Ensuite, vient la notion de force : toute différence avec une trajectoire rectiligne uniforme provient de l'action d'une force. Les trois lois (à vous de les citer) permettent à Newton avec l'expression de la force d'interaction gravitationnelle d'expliquer la chute des corps, le mouvement des planètes et les marées océaniques.

Galilée et Newton

* D'après `wikipedia.fr`

B.2.3   L'avènement de la mécanique classique

La mécanique classique formulée par Newton est ainsi parfaitement déterministe (si la position et la vitesse d'un point matériel sont connues à t, alors elles le seront à tout instant). Cette théorie a connu son essor aux 18ème et 19ème siècles avec, par exemple, d'Alembert (1717—1783) qui choisit la formulation différentielle des équations mécaniques (le mouvement est le seul phénomène visible tandis que la "causalité motrice", la force doit rester une notion dérivée).

Lagrange (1736—1813), muni des outils de géométrie différentielle, présente la mécanique comme une branche de l'analyse et publie la *Mécanique analytique* : avec ces outils, on trouve en intégrant les équations différentielles du mouvement, les lois de conservation (énergie, quantité de mouvement...).

Lagrange
∗ D'après `wikipedia.fr`

Le principe de base est le *principe de moindre action* aussi évoqué par Hamilton (inventeur des quaternions) et Jacobi : la mécanique (lagrangienne ou hamiltonienne) devient abstraite : on considère le mouvement comme un tout : chaque mouvement a priori possible est représenté par un point de l'espace des mouvements, de sorte que tous ces mouvements virtuels peuvent être comparés les uns aux autres selon un certain critère, ce qui permet de déterminer le mouvement réel suivi par le point matériel considéré.

Hamilton et Jacobi
∗ D'après `wikipedia.fr`

Au 18ème siècle, Léonard Euler trace la frontière entre mécanique du point matériel et mécanique du solide : cette dernière considère l'étude du mouvement général d'un solide, considéré comme indéformable, en tenant compte des mouvements de rotation du solide autour de lui-même (avec les fameux moments d'inertie) tandis que la mécanique du point matériel idéalise les corps en les assimilant à des objets de taille infinitésimale mais dotés d'une masse non nulle.

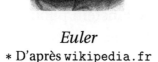

Euler
* D'après wikipedia.fr

Or, il n'existe pas de corps qui soit réellement indéformable : Cauchy et Lamé au 19ème siècle jettent les bases de la mécanique des milieux continus. De même, la généralisation des principes de la mécanique à l'étude des fluides donne naissance à la mécanique des fluides.

La révolution industrielle née en Angleterre donne un nouveau "coup de fouet " à la recherche en mécanique : Coriolis en étudiant les machines composées de pièces diverses en mouvement les unes par rapport aux autres découvre le problème de composition des accélérations ; Foucault, avec l'expérience du pendule au Panthéon met en évidence l'importance du système de référence (en termes du cours, quel référentiel est choisi comme galiléen et pour quelles expériences).

La mécanique, à la fin du 19ème permet d'expliciter grand nombre de phénomènes avec une précision remarquable, ce qui fait dire à Michelson en 1899 : *Les lois fondamentales et les faits les plus importants de la science physique ont tous été découverts et sont maintenant si fermement établis que la possibilité qu'ils soient jamais supplantés par de nouvelles découvertes, est extrêmement lointaine. Nos découvertes futures doivent être cherchées dans la sixième décimale.*

B.2.4   La relativité

Le dix-neuvième siècle se clôt sur le rôle du référentiel d'étude et le choix de ce dernier. Einstein avait 16 ans lorsqu'il se débattait avec le paradoxe suivant : la lumière est une onde électromagnétique, c'est donc un champ électrique et magnétique liés dans le temps et oscillant en chaque point de l'espace. Or, que se passe-t-il si on pouvait s'asseoir sur un photon, i.e. se déplacer à c ? On devrait voir l'onde comme immobile, or la théorie électromagnétique de Maxwell ne le permet pas : la lumière ne *s'entretient que dans le changement*. Un observateur immobile voit la pulsation tandis qu'un observateur se déplaçant à c ne voit rien... étrange, étrange...la mécanique de Newton et la théorie de l'électromagnétisme de Maxwell (19ème siècle) semblent incompatibles. En 1905, Einstein publie *Zur Elektrodynamik bewegter Körper* (sur l'électrodynamique des corps en mouvement) : c'est la naissance de la relativité restreinte (qui se limite aux référentiels en mouvement uniforme).

Einstein
* D'après wikipedia.fr

Les deux postulats fondamentaux sont les suivants :
- toutes les lois de la physique sont les mêmes dans tous les référentiels inertiels, il est alors impossible en effectuant des expériences dans un référentiel inertiel donné d'observer des effets qui renseignent sur ce référentiel (est-il en mouvement ? au repos absolu ?), les concepts de repos et de vitesse absolue perdent donc toute signification, tout mouvement est relatif ;
- la lumière se propage dans le vide avec une vitesse c qui est indépendante du mouvement de la source.

Ces deux postulats amènent à la première révolution intellectuelle du 20ème siècle : espace et temps sont intimement liés, "le temps ne peut pas être défini d'une façon absolue et il y a une relation inséparable entre le temps et la vitesse d'un signal".

Dans le même temps, pour le monde microscopique, on se rendait compte des limites de la mécanique classique : c'est l'avènement de la mécanique quantique et ondulatoire (livre de chimie).

Chapitre 4

Aspects énergétiques en mécanique du point

Dans ce chapitre, nous allons introduire de nouveaux outils qui vont nous permettre d'aborder les exercices de mécanique d'une nouvelle façon. Nous allons tout d'abord définir les notions de travail d'une force, de puissance et ensuite démontrer les théorèmes énergétiques.

4.1 Théorème de l'énergie cinétique

4.1.1 Travail d'une force

Déplacement élémentaire

Dans un référentiel $\mathcal{R}$ donné, on considère un point matériel M. On note M sa position à l'instant t et M' sa position à l'instant $t + \mathrm{d}t$.

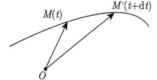

On appelle vecteur déplacement élémentaire le vecteur $\vec{\mathrm{d}l} = \overrightarrow{MM'}$.

✎ Exprimer $\vec{\mathrm{d}l}$ en fonction de $\overrightarrow{OM}$ et $\overrightarrow{OM'}$. Puis en fonction de la différentielle du vecteur $\overrightarrow{OM}$.

On a $\vec{\mathrm{d}l} = \overrightarrow{OM'} - \overrightarrow{OM} = d\overrightarrow{OM}$.

✎ Donner l'expression de $\vec{\mathrm{d}l}$ en coordonnées cartésiennes, puis en coordonnées cylindriques.

En coordonnées cartésiennes, on a $\overrightarrow{\mathrm{d}l} = \mathrm{d}x\overrightarrow{e_x} + \mathrm{d}y\overrightarrow{e_y} + \mathrm{d}z\overrightarrow{e_z}$. En coordonnées cylindriques, on obtient : $\overrightarrow{\mathrm{d}l} = \mathrm{d}r\overrightarrow{u_r} + r\mathrm{d}\theta\overrightarrow{u_\theta} + \mathrm{d}z\overrightarrow{u_z}$.

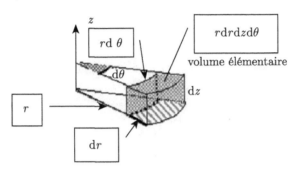

Travail d'une force

> • **Définition :** On définit le travail élémentaire d'une force $\overrightarrow{F}$ exercée sur M par $\delta W = \overrightarrow{F} \cdot \overrightarrow{\mathrm{d}l}$.
>
> Lors d'un trajet fini de M_1 à M_2, le travail de $\overrightarrow{F}$ est :
>
> $$W(M_1 M_2) = \int_{M_1}^{M_2} \overrightarrow{F} \cdot \overrightarrow{\mathrm{d}l}$$
>
> Le travail s'exprime en joules (J).

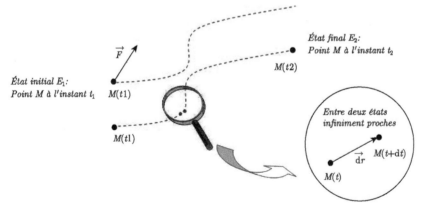

 A priori, W dépend du chemin suivi : le travail n'est pas une grandeur indépendante du chemin suivi !

Remarque : *mathématiquement, on dit que δW est une forme différentielle et*

non une différentielle qui serait notée dW. *Vous allez étudier ce chapitre en mathématiques en troisième année.*

Si $\delta W > 0$, on dit que le travail est moteur.

Si $\delta W < 0$, on dit que le travail est résistant.

Expressions de δW

✎ Donner l'expression de δW dans le cas où $\vec{F}$ s'exprime sous la forme $\vec{F} = F_x\vec{e_x} + F_y\vec{e_y} + F_z\vec{e_z}$, puis dans le cas des coordonnées cylindriques $\vec{F} = F_r\vec{u_r} + F_\theta\vec{u_\theta} + F_z\vec{u_z}$.

En appliquant la formule précédente, on obtient : $\delta W = \vec{f}\cdot\vec{dl} = F_x dx + F_y dy + F_z dz$ *en coordonnées cartésiennes et dans le cas des coordonnées cylindriques, on a :* $\delta W = F_r dr + F_\theta r d\theta + F_z dz$.

✐ Calculer le travail de la force de tension d'un fil dans le cas du pendule simple. Calculer aussi le travail de la réaction d'un support horizontal dans le cas où le frottement est nul si le mobile se déplace horizontalement.

Le travail élémentaire de la force de tension d'un fil est donné par : $\delta W = \vec{T}\cdot\vec{dl} = -T\vec{e_r}\cdot r d\theta\vec{e_\theta} = 0$. *La force de tension d'un fil dans le cas d'un pendule simple ne travaille pas.*

Pour la réaction d'un support sans frottement, on a : $\delta W = \vec{R_N}\cdot\vec{dl} = 0$: *le travail est nul.*

4.1.2   Puissance d'une force

• **Définition :**   On définit la puissance $\mathscr{P}$ d'une force $\vec{F}$ comme le travail par unité de temps soit $\mathscr{P} = \dfrac{\delta W}{dt}$.

$\mathscr{P}$ s'exprime en watts (W).

✎ Donner l'expression de $\mathscr{P}$ en fonction de $\vec{F}$ et $\vec{v}$.

On a, par définition : $\mathscr{P} = \dfrac{\delta W}{dt} = \dfrac{\vec{F} \cdot \vec{dl}}{dt}$ soit $\mathscr{P} = \vec{F} \cdot \vec{v}$.

✎ Dans quels cas la puissance est nulle ?
  – si la vitesse est nulle ;
  – si le vecteur vitesse $\vec{v}$ est orthogonal au vecteur force $\vec{F}$.

* Ordres de grandeur :

Puissance d'un aspirateur : 1000 W.

Puissance d'un moteur de train rapide (TGV en France) : 1 MW.

Puissance d'une centrale nucléaire : 250 MW.

4.1.3 Théorème de l'énergie cinétique

L'énergie cinétique d'un point matériel m animé d'une vitesse v dans un référentiel $\mathscr{R}$ est donnée par $E_c = \dfrac{1}{2}mv^2$.

* Différentielle de l'énergie cinétique

✎ Exprimer la différentielle dE_c de l'énergie cinétique en fonction de v et de dv. Exprimer v^2 en fonction de $\vec{v}$. En déduire le lien entre dE_c, $\vec{v}$ et $\vec{dv}$.

On a, par définition : $dE_c = mv\,dv$. Or, $v^2 = \vec{v} \cdot \vec{v}$ soit $dE_c = m\,\vec{v} \cdot d\vec{v}$.

*Théorème de l'énergie cinétique, version élémentaire

✎ Exprimer le travail élémentaire de la force $\vec{f}$ en fonction de la différentielle dE_c.

On a $\delta W = \vec{f} \cdot \vec{dl} = m\vec{a} \cdot \vec{dl} = m\,d\vec{v} \cdot \vec{v} = dE_c$.

*Théorème de la puissance cinétique

✎ Exprimer la puissance $\mathscr{P}$ de la force $\vec{f}$ en fonction de la puissance cinétique dE_c/dt.

On a donc $\mathscr{P} = \dfrac{dE_c}{dt}$.

*Théorème de l'énergie cinétique, version intégrale

✎ Faire apparaître le lien entre ΔE_c et W.

On a alors en intégrant la relation $\mathrm{d}E_c = \delta W$: $\boxed{\Delta E_c = W}$.

> La variation d'énergie cinétique d'un point matériel entre 2 instants est égale au travail des forces qui s'exercent sur lui entre ces deux instants.

Remarque : comme vous avez pu le constater vous-même, le théorème de l'énergie cinétique découle du principe fondamental de la dynamique. Les théorèmes énergétiques concernent des grandeurs scalaires, le principe fondamental de la dynamique est vectoriel : on a donc une perte d'informations lorsqu'on utilise les théorèmes énergétiques, sauf pour les problèmes unidimensionnels.

Un des buts de ce cours est de vous faire comprendre quand il est préférable d'utiliser la méthode dynamique et quand il vaut mieux choisir la méthode énergétique.

4.1.4   Exemples de calcul de travaux

Force de pesanteur

✍ L'axe Oz est orienté suivant la verticale ascendante. Exprimer le travail du poids au cours d'un déplacement de I à F d'une masse m. On considère que le point matériel peut suivre 2 chemins : un purement vertical, l'autre le long d'un cercle de rayon R.

$$W_1 = \int_I^F m\vec{g} \cdot \vec{\mathrm{d}l}$$
$$= -\int mg\mathrm{d}z$$
$$= -mg(z_f - z_i)$$
$$= -mg\Delta z$$

$$W_2 = \int_I^F m\vec{g} \cdot \vec{\mathrm{d}l}$$
$$= -\int_I^F (mg\vec{e_z}) \cdot (\mathrm{d}r\,\vec{e_r} + r\mathrm{d}\theta\,\vec{e_\theta})$$
$$= -\int_I^F mg(\cos\theta\,\vec{e_r} - \sin\theta\,\vec{e_\theta}) \cdot (\mathrm{d}r\,\vec{e_r} + r\mathrm{d}\theta\,\vec{e_\theta})$$
$$= \int_I^F mg\sin\theta\, r\mathrm{d}\theta - \int_I^F mg\cos\theta\,\mathrm{d}r$$
$$= mgr[-\cos\theta]_0^\pi$$
$$= -mg\Delta z$$

Le travail du poids ne semble pas dépendre du chemin suivi...

Force de frottement

On considère maintenant un point M de masse m qui glisse sur un plan horizontal caractérisé par un coefficient de frottement f.

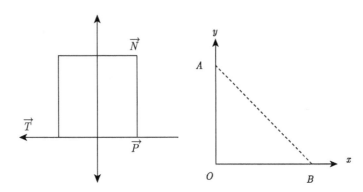

✎ En projetant le principe fondamental de la dynamique, donner les composantes T et N de la force de frottement en fonction de m et g.

D'après le principe fondamental de la dynamique en projection sur l'axe vertical, on obtient : $N = mg$ et d'après les lois de Coulomb, on a $T = fmg$ (car le point est en mouvement).

Ces deux forces sont constantes et dépendent de la masse de l'objet.

On s'intéresse maintenant au travail de cette force de frottement lors du déplacement de A à B. On va, à nouveau, considérer 2 chemins (les points A, O B sont situés à la surface du plan incliné) :
- le chemin AB en ligne droite (chemin 1) de longueur L ;
- le chemin AOB composé de 2 segments (chemin 2).

✎ Donner l'expression du travail de la force $\vec{F} = \vec{T} + \vec{N}$. La calculer pour ces 2 chemins. Conclure.

Sur le chemin (1), on a $W = fmgL$.

Sur le chemin (2), on a $W_{AB} = fmg(L\cos\alpha + L\sin\alpha)$.

On distingue donc 2 types de forces :
- forces dont le travail est indépendant du chemin suivi : ce sont les forces conservatives.
- forces dont le travail dépend du chemin suivi : ce sont les forces non conservatives.

4.2   Énergie potentielle-Théorème de l'énergie mécanique

4.2.1   Définition

> • **Définition :**   Une force $\vec{F}$ est dite conservative si le travail de celle-ci est indépendante du chemin suivi (seul les états initial et final comptent), c'est-à-dire que le travail élémentaire s'écrit : $\delta W = dW = -dE_p$ où E_p est une fonction de la variable de position. E_p est l'énergie potentielle associée à la force $\vec{F}$. On dit aussi que la force $\vec{F}$ dérive d'un potentiel ou d'une énergie potentielle.

E_p n'est définie que par sa variation, elle est donc définie à une constante près, choisie arbitrairement (c'est ce qu'on va appeler dans les exercices "fixer l'origine des potentiels").

E_p s'exprime en joules (J).

Lorsqu'entre 2 états A et B, l'énergie potentielle diminue, alors le travail est moteur.

Si l'énergie potentielle augmente, alors le travail est résistant.

✎ Justifier ces résultats.

On a $dE_p = -\delta W$. Donc, si $dE_p < 0$, alors $\delta W > 0$: le travail est moteur.

Si $dE_p > 0$, alors $\delta W < 0$: le travail est résistant.

Le travail d'une force conservative entre 2 états A et B, s'écrit

$$W_{AB} = -\Delta E_p = E_p(A) - E_p(B).$$

• Vocabulaire mathématique :

On appelle circulation d'un vecteur l'intégrale curviligne $\int_A^B \vec{F} \cdot \vec{dl}$.

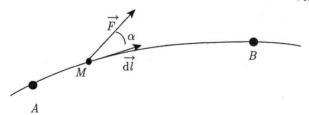

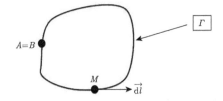

On note $\oint \vec{F} \cdot \vec{dl}$ la circulation de $\vec{F}$ sur un contour fermé (ou une courbe fermée).

* D'après eduscol.education.fr

✎ Que vaut la circulation d'une force conservative sur un contour fermé ?

On a, par définition de la circulation : $\oint \vec{F} \cdot \vec{dl} = \mathscr{F}(B) - \mathscr{F}(A)$ où $\mathscr{F}$ est la primitive (qui existe car on a une force conservative, c'est l'énergie potentielle). Elle est donc nulle pour une force conservative.

✎ Que peut-on en déduire pour la circulation d'une force conservative entre 2 points A et B ?

Pour une force conservative, on en déduit immédiatement que, comme la circulation le long d'une courbe fermée est nulle, elle est donc indépendante du chemin suivi entre deux points A et B.
On peut donc choisir n'importe quel chemin pour calculer le travail d'une force conservative : chemin réel ou chemin fictif...il faut choisir le plus simple pour les calculs !

On dit alors que la circulation de $\vec{F}$ est conservative ou que $\vec{F}$ est à circulation conservative.

On définit les équipotentielles comme l'ensemble des points M du plan qui ont la même valeur d'énergie potentielle E_p. Si on représente un ensemble d'équipotentielles, on obtient une carte des équipotentielles comme par exemple avec la pression lors du bulletin météo quotidien.

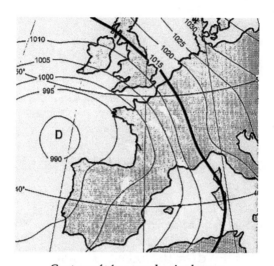

Carte météo avec les isobares

* D'après scphysiques2010.voila.net

On utilise cette notion pour les grandeurs scalaires. Pour les grandeurs vectorielles, on définit une ligne de champ. Dans notre cas, on parle de ligne de force ; une ligne de force de $\vec{F}$ est une courbe tangente en chacun de ses points M, à tout instant t, au vecteur $\vec{F}(M, t)$. Elle est orientée par $\vec{F}$.

Si on reprend l'exemple de la météo, voici une représentation du champ des vitesses.

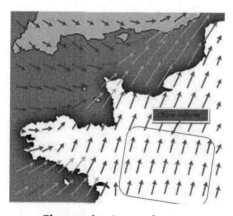

Champ de vitesse du vent

* D'après physagreg.fr

Si on considère une force $\vec{F}$, voici une ligne de force.

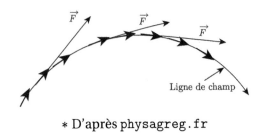

* D'après `physagreg.fr`

✎ Montrer que les équipotentielles sont toujours orthogonales aux lignes de champ (ou de force).

Soient deux points M et M' qui appartiennent à la même équipotentielle. On a $dE_p = \vec{F} \cdot \vec{dl} = 0$. Donc $\vec{F}$ est orthogonale à $\vec{dl}$: les équipotentielles sont toujours orthogonales aux lignes de champ (colinéaires à $\vec{F}$).

✎ En raisonnant sur le graphe ci-dessous, comparer E_{p1} et E_{p2}. En déduire que la ligne de champ est orientée dans le sens des potentiels décroissants.

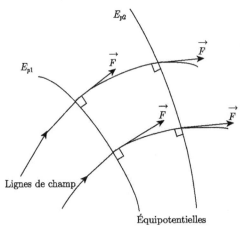

* D'après `physagreg.fr`

On a $dE_p = -\vec{F} \cdot \vec{dl}$. Si le vecteur déplacement élémentaire est dans le même sens que $\vec{F}$, on a donc dE_p négatif : la ligne de champ est orientée dans le sens des potentiels décroissants.

4.2.2 Exemples d'énergie potentielle

Le poids

On considère l'axe Oz orienté suivant la **verticale ascendante**.
Le travail élémentaire du poids est donné par :

$$\begin{aligned} \delta W &= m\overrightarrow{g}\cdot\overrightarrow{dl} = -mg\overrightarrow{e_z}\cdot dz\overrightarrow{e_z} \\ &= -mgdz = dW \\ dE_p &= mgdz \end{aligned}$$

Donc $E_p = mgz + $ cste pour un axe Oz orienté suivant la verticale ascendante.

La force de rappel d'un ressort

On s'intéresse maintenant au travail de la force élastique ou force de rappel d'un ressort. On a le schéma suivant :

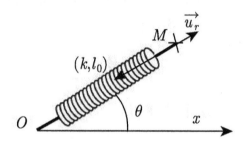

On considère le mouvement du point M de masse m dans le système de coordonnées polaires.

✎ Rappeler l'expression de la force de rappel du ressort en fonction de k, l et l_0. En déduire l'expression du travail élémentaire δW dans le système de coordonnées polaires. En déduire $dE_{p,\text{elas}}$.

On a $\overrightarrow{F} = -k(l-l_0)\overrightarrow{u_r}$. On en déduit l'expression du travail élémentaire avec $r = l$: $\delta W = \overrightarrow{F}\cdot\overrightarrow{dl} = -k(r-l_0)dr$ soit $dE_{p,\text{elas}} = k(r-l_0)dr$.

On a donc $E_{p,\text{elas}} = \dfrac{1}{2}k(l-l_0)^2$ si on fixe l'origine des potentiels quand le ressort est au repos ($l = l_0$).

∗ Cas particulier du ressort horizontal :

✎ On considère le point M de masse m en mouvement sur l'axe Ox. Exprimer la tension du ressort en fonction de k, l, l_0 et $\vec{u_x}$. En prenant l'origine à la position d'équilibre Ω, exprimer $\vec{F}$ en fonction de k, $X = l - l_{eq}$ et $\vec{u_x}$. Calculer le travail élémentaire $\delta W_{\vec{F}}$, en déduire $dE_{p,elas}$. En choisissant l'origine des potentiels à la position d'équilibre, montrer que

$$E_{p,elas} = \frac{1}{2}kX^2.$$

On a $\vec{F} = -k(l - l_0)\vec{u_x}$. Si on fait un changement d'origine, alors $\vec{F} = -kX\vec{u_x}$ car $l_{eq} = l_0$. On a alors $\delta W = -kXdX$ soit $dE_{p,elas} = kXdX$. En choisissant l'origine des potentiels à la position d'équilibre, on a bien $E_{p,elas} = \frac{1}{2}kX^2$.

* Cas particulier du ressort vertical

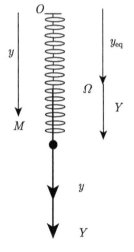

✎ On considère le point M de masse m en mouvement sur l'axe Oy vertical **descendant**. Exprimer la tension du ressort en fonction de k, l, l_0, et $\vec{u_y}$. En prenant l'origine à la position d'équilibre Ω dont on rappellera l'expression sans démonstration en fonction de m, g, k et l_0, exprimer $\vec{F} + \vec{P}$ en fonction de k, $Y = l - l_{eq}$ et $\vec{u_y}$. Calculer le travail élémentaire $\delta W_{\vec{F}+\vec{P}}$. Montrer que c'est équivalent à un seul ressort, en déduire $dE_{p,total}$. En choisissant l'origine des potentiels à la position d'équilibre, montrer que

$$E_{p,total} = \frac{1}{2}kY^2.$$

On a $\vec{F} = -k(l - l_0)\vec{u_y}$. La position d'équilibre Ω est donnée par

$y_{eq} = l_0 + \dfrac{mg}{k}$. On a alors : $\vec{F} = -k(l - y_{eq} + mg/k)\vec{u_y}$ d'où $\vec{F}_{total} = \vec{F} + \vec{P} = -kY\vec{u_y}$. On a alors $\delta W = -kY\mathrm{d}Y$ et $\mathrm{d}E_{p,total} = kY\mathrm{d}Y$ car le poids et la force de rappel sont bien deux forces conservatives. On a alors $E_{p,total} = \dfrac{1}{2}kY^2$.

> Tout oscillateur harmonique peut se définir par une énergie potentielle élastique. $E_{p,elas} = \dfrac{1}{2}kX^2$ où X est l'écart à la position d'équilibre.

Cas de forces non conservatives

On peut citer par exemple le cas des forces de frottement (solide ou fluide).

4.2.3   Théorème de l'énergie mécanique

On considère le cas d'un système uniquement soumis à des forces conservatives ou des forces qui ne travaillent pas. Si on applique le théorème de l'énergie cinétique à ce système, on a :

$$\mathrm{d}E_c = \delta W(\vec{F}) = \mathrm{d}W(\vec{F}) = -\mathrm{d}E_p$$

soit encore $\mathrm{d}(E_c + E_p) = 0$.
On pose : $E_m = E_c + E_p$, E_m est l'énergie mécanique.
Ici, on a E_m=cste.

> L'énergie mécanique d'un système **conservatif** est constante. Elle est alors appelée integrale première du mouvement.

Remarque : *c'est de là que provient le nom de forces conservatives.*

Remarque : *attention ! E_m est constante mais E_c et E_p peuvent varier au cours du temps !*

Cas général :

Dans le cas où le système est soumis à des forces conservatives et non conservatives, on a :

théorème de l'énergie mécanique $dE_m = \delta W(\overrightarrow{F}_{nc})$ ou $\Delta E_m = W(\overrightarrow{F}_{nc})$

théorème de la puissance mécanique : $\dfrac{dE_m}{dt} = \mathscr{P}(\overrightarrow{F}_{nc})$

4.3 Étude des systèmes conservatifs à un degré de liberté

Dans cette partie du cours, toutes les forces qui s'appliquent au système sont conservatives (ou de travail nul). On se place dans un référentiel $\mathscr{R}$ galiléen. On considère seulement les systèmes à un degré de liberté, c'est-à-dire qu'on a besoin d'un seul paramètre, par exemple x ou θ (et donc d'une seule équation) pour décrire le mouvement. C'est le cas du pendule ou d'un ressort.

4.3.1 Le pendule simple

On étudie à nouveau le pendule simple mais cette fois-ci grâce à la méthode énergétique. Le pendule constitué d'un fil souple OM de longueur l, de masse négligeable et d'une masse m attachée à son extrémité libre, oscille dans le plan vertical : on a seulement besoin de θ pour décrire le mouvement, c'est bien un système à un degré de liberté.

✎ La masse m est lancée de la position d'équilibre stable avec une vitesse v_0 horizontale. Exprimer l'énergie potentielle et l'énergie cinétique de la masse m en fonction de θ et de $\dot{\theta}$. Déduire de l'intégrale première du mouvement l'équation différentielle du second ordre en θ.

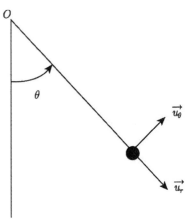

On a, par définition $E_c = \dfrac{1}{2}mv^2 = \dfrac{1}{2}ml^2\dot{\theta}^2$. On a $E_p = mgl(1-\cos\theta)$ en choisissant l'origine des potentiels en $\theta = 0$. On a alors :

$$E_m = \frac{1}{2}ml^2\dot{\theta}^2 + mgl(1-\cos\theta)$$ soit en dérivant par rapport au temps :

$$\ddot{\theta} + \frac{g}{l}\sin\theta = 0$$

car $\dot{\theta} \neq 0$.

Remarque 1 : *on retrouve l'équation différentielle de l'oscillateur harmonique, qu'on avait déjà obtenue en utilisant le principe fondamental de la dynamique. On retrouve le fait que le principe fondamental de la dynamique et la méthode énergétique contiennent la même information (on utilise la deuxième loi de Newton pour démontrer le théorème de l'énergie cinétique). L'important est en fait de savoir quelle est la méthode qui va donner le résultat de la façon la plus rapide.*

Remarque 2 : *l'avantage de la méthode énergétique ici est d'avoir obtenu une équation différentielle du premier ordre au lieu d'une du second ordre : pour la résolution analytique, c'est en général plus simple, même s'il est vrai qu'ici l'équation différentielle du premier ordre obtenue est non linéaire (mais pour les simulations par ordinateur, c'est tout de même mieux).*

Discussion qualitative de la nature du mouvement

Il s'agit de déterminer l'ensemble des valeurs de x solutions de l'équation $E_m = E_p(x) + E_c$ =cste sachant que l'énergie cinétique $\frac{1}{2}mv^2$ est toujours positive.

✎ Quelle inéquation relie E_m et E_p ?

On a $E_m \geqslant E_p$ car E_c est toujours positive (ou nulle).

Donc, si on trace la courbe $E_p(x)$, on peut alors déterminer graphiquement la nature du mouvement. Celui-ci est qualifié de borné si x est borné, c'est-à-dire $x \in [x_{\min}; x_{\max}]$: le point matériel est alors dans un état lié.

Si, au contraire, le point matériel peut s'échapper à l'infini, on dit qu'il est dans un état de diffusion ou un état diffusif.

✎ Dans le cas du pendule simple, tracer $E_p(\theta)$ sur l'intervalle $[-\pi, \pi]$ en prenant comme convention $E_p(0) = 0$. Discuter de la nature du mouvement du pendule suivant les valeurs de v_0.

On a le graphe suivant où on distingue deux cas : état lié si $v_0 < 2\sqrt{gl}$ ou état diffusif si $v_0 > 2\sqrt{gl}$.

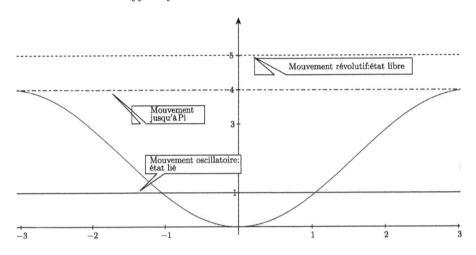

* Exemple d'application au mouvement dans le champ gravitationnel :

✍ On considère un point matériel M de masse m dans le champ de force gravitationnel lâché de $x = a$. Déterminer son énergie potentielle, puis son énergie mécanique. Quel est son signe ? Sur le tracé de $E_p(x)$ ci-contre, il y a 2 valeurs de E_m. Conclure sur la nature du mouvement dans chacun des cas.

On a, $E_m = -\dfrac{GMm}{a} = -\dfrac{GMm}{x} + \dfrac{1}{2}m\dot{x}^2$. Comme l'énergie mécanique est toujours négative, on a toujours un état lié.

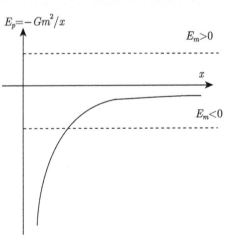

✍ Maintenant, la particule est lancée de a avec une vitesse v_0. Discuter de l'état lié ou de diffusion suivant les cas.

On a, $E_m = \dfrac{1}{2}mv_0^2 - \dfrac{GMm}{a} = -\dfrac{GMm}{x} + \dfrac{1}{2}m\dot{x}^2$. On a un état lié si l'énergie mécanique est strictement négative, si elle est positive ou nulle, on a un état diffusif.

4.3.2   Étude des positions d'équilibre

On dit d'un point matériel qu'il est à l'équilibre si sa vitesse et son accélération sont nulles (autrement dit, en ce point, on a la somme des forces qui est nulle).

On considère une particule soumise à $\vec{f} = f(x)\vec{u_x}$.
✎ À quelle condition sur f la particule est-elle en équilibre ?

La particule est à l'équilibre si la force est nulle : $\vec{f}(x_{eq}) = \vec{0}$.

✎ Quelle relation lie $f(x)$ et dE_p ?

On a $\dfrac{dE_p}{dx} = -f(x_{eq}) = 0$.

On en déduit que les positions d'équilibre de la particule correspondent aux extrema de E_p.

On considère le cas suivant où $E_p(x)$ correspond au graphe ci-dessous.

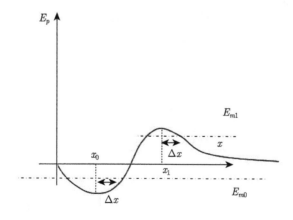

x_0 et x_1 sont des positions d'équilibre de la particule. Mais sont-elles stables , c'est-à-dire pour une petite perturbation Δx revient-on en x_0 ou x_1 ?

✎ Pour déterminer la stabilité des équilibres, on écarte légèrement de Δx la particule de sa position d'équilibre et on la lâche sans vitesse initiale. Justifier que l'énergie mécanique de la particule se détermine comme indiqué sur le graphe.

Mathématiquement, cela revient à faire un développement limité de $E_p(x)$ au voisinage de x_{eq} :

$$E_p(x) = E_p(x_{eq}) + \left(\frac{dE_p}{dx}\right)_{x_{eq}} (x - x_{eq}) + \left(\frac{d^2E_p}{dx^2}\right)_{x_{eq}} \frac{(x - x_{eq})^2}{2}$$

Or, comme E_p est extrémale en $x = x_{eq}$, la dérivée première est nulle. On a donc :

$$E_p(x) = E_p(x_{eq}) + \left(\frac{d^2E_p}{dx^2}\right)_{x_{eq}} \frac{(x - x_{eq})^2}{2}$$

soit encore

$$F_x = -\left(\frac{dE_p}{dx}\right) = -\left(\frac{d^2E_p}{dx^2}\right)_{x_{eq}} (x - x_{eq})$$

ou $dF_x = -\left(\dfrac{d^2E_p}{dx^2}\right)_{x_{eq}} dx$

On veut que la particule revienne en x_{eq} si l'équilibre est stable, c'est-à-dire si on l'a déplacée de dx positif, on veut $dF_x < 0$ et si dx négatif, on veut $dF_x > 0$. Ceci revient à vouloir :

$\left(\dfrac{d^2E_p}{dx^2}\right)_{x_{eq}} > 0$ soit E_p minimale pour avoir une position d'équilibre stable.

On a donc :

position d'équilibre stable : E_p minimale.

position d'équilibre instable : E_p maximale.

Ces résultats sont utiles car ils permettent une analyse qualitative (c'est-à-dire sans équation) de la nature du mouvement d'un point si on connaît le graphe $E_p(x)$ ou $E_p(r)$.

4.3.3   Mouvement au voisinage de l'équilibre

On prend l'exemple du ressort vertical qui est bien un système conservatif. L'énergie mécanique s'écrit, pour un axe Oy vertical descendant (✎ faire le schéma) :

$$E_m = \frac{1}{2}m\dot{y}^2 + \frac{1}{2}k(y - l_0)^2 - mgy$$

On a $E_p = \frac{1}{2}k(y - l_0)^2 - mgy$.

✎ Quelle est la position d'équilibre du système ?

✎ Est-elle stable ?

✎ Si elle est stable, quelle est la nature du mouvement de la particule ?

Voici la méthode à suivre pour répondre aux questions précédentes. Maintenant, on s'intéresse au mouvement autour de la position d'équilibre c'est-à-dire au voisinage de l'équilibre.

Tout d'abord, pour trouver les positions d'équilibre, on utilise l'énergie potentielle. On cherche ses extrema soit $E'_p(y_{eq}) = 0 = k(y_{eq} - l_0) - mg$ soit $y_{eq} = l_0 + mg/k$.

Ensuite, pour la stabilité, on doit déterminer si c'est un maximum ou un minimum : $E''_p(y_{eq}) = k > 0$: c'est un minimum. La position d'équilibre est stable.

Pour conclure sur la nature du mouvement, on doit trouver l'équation différentielle du mouvement. Pour cela, on dérive l'intégrale première du mouvement. On a :

$$m\dot{y}\ddot{y} + k(y - l_0)\dot{y} - mg\dot{y} = 0.$$

On peut simplifier par $\dot{y}$ car celui-ci est différent de 0 (sinon, si $\dot{y} = 0$, alors on a une solution physiquement inintéressante qui correspond à y constante : le point est immobile). On a alors :

$$m\ddot{y} + k(y - l_0) - mg = 0.$$

On pose $y = y_{eq} + \varepsilon$ avec $\varepsilon \ll 1$. En remplaçant dans l'équation précédente, on a :

$$m(\ddot{y}_{eq} + \ddot{\varepsilon}) + k(y_{eq} + \varepsilon - l_0) - mg = 0.$$

soit, comme $\ddot{y}_{eq} = 0$ (définition de l'équilibre) et $k(y_{eq} - l_0) - mg = 0$ (définition de y_{eq}), on a :

$$m\ddot{\varepsilon} + k\varepsilon = 0.$$

Soit sous forme canonique : $\boxed{\ddot{\varepsilon} + \dfrac{k}{m}\varepsilon = 0}$.

On retrouve l'équation d'un oscillateur harmonique de pulsation $\omega_0 = \sqrt{\dfrac{k}{m}}$. Cette position d'équilibre est donc stable : la particule éloignée de la position d'équilibre oscille autour de cette dernière à la pulsation ω_0.

Chapitre 5

Oscillateurs mécaniques en régime libre

Dans ce chapitre, nous allons nous intéresser aux oscillateurs mécaniques à une dimension (ou unidimensionnels), en régime libre.

5.1 Oscillateur harmonique

5.1.1 Définition

Le mouvement d'un oscillateur harmonique est régi par l'équation différentielle suivante : $\ddot{x} + \omega_0^2 x = 0$.

Exemples : on a déjà vu le système masse-ressort ou le pendule simple aux petits angles...

✍ Exercice : établir à nouveau cette équation différentielle, par la méthode de votre choix, pour les 2 cas précédents.

Pour le cas du système masse-ressort horizontal, appliquons le principe fondamental de la dynamique à la masse m dans le référentiel du laboratoire supposé galiléen, on a, en projection sur l'axe Ox : $m\ddot{x} = -kx$ soit $\ddot{x} + \omega_0^2 x = 0$.

Pour le pendule simple, on va utiliser le théorème de l'énergie mécanique : $E_m = E_c + E_p = \dfrac{1}{2}ml^2\dot{\theta}^2 + mgl(1-\cos\theta) =$ cste soit en dérivant :

$\ddot{\theta} + \dfrac{g}{l}\sin\theta = 0$.

Il y a aussi le cas plus général d'un système conservatif avec des petits mouvements au voisinage d'une position d'équilibre stable (cf chapitre précédent sur l'énergie).

En effet, le système est conservatif et possède une position d'équilibre stable x_0. L'énergie mécanique du système est, par hypothèse, constante $E_m = \dfrac{1}{2}m\dot{x}^2 + E_p(x)$ d'où, en dérivant, l'équation différentielle qui régit le mouvement : $m\ddot{x} + \dfrac{dE_p}{dx} = 0$. On pose $x = x_0 + \varepsilon$.

✎ Quelle est l'équation différentielle vérifiée par ε ?

L'équation différentielle est donc $m\ddot{\varepsilon} + \left(\dfrac{d^2 E_p}{dx^2}\right)_{x_{\text{eq}}} \varepsilon = 0$.

Ce modèle d'oscillateur linéaire décrit de nombreux phénomènes :
- oscillations d'un électron dans un atome sous l'effet d'un champ électromagnétique.
- vibrations des liaisons chimiques dans un cristal ou une molécule.

Remarque : *comme on vient de le voir, l'oscillateur harmonique peut aussi décrire le mouvement au voisinage de n'importe quelle position d'équilibre stable d'un système physique quelconque : électromagnétique, solide, thermodynamique...*

5.1.2 Étude du mouvement

• Les solutions de cette équation différentielle :

Elles sont de la forme $x(t) = A\cos(\omega_0 t) + B\sin(\omega_0 t)$ ou encore $x(t) = a\cos(\omega_0 t + \varphi)$.
(A, B) ou (a, φ) sont des couples de constantes déterminés par les conditions initiales $(x(0), \dot{x}(0))$.

✎ Quel est le lien entre (A, B) et (a, φ) ?

On a $a = \sqrt{A^2 + B^2}$ et $\sin\varphi = -\dfrac{B}{\sqrt{A^2 + B^2}}$.

Remarque : a est appelé **l'amplitude**, φ **la phase initiale**.

• La période T des oscillations est donnée par $T = \dfrac{2\pi}{\omega_0}$. Elle est indépendante de l'amplitude des oscillations et des conditions initiales : on dit qu'on a isochronisme .

• Aspect énergétique :

Pour un oscillateur harmonique, l'énergie potentielle est par définition de la forme $\dfrac{1}{2}kX^2$ ou $\dfrac{1}{2}k(r - r_0)^2$. Ce système est conservatif.

Si on représente $E_p = f(X)$ ou $E_p = f(r)$, on a une parabole ou une cuvette de potentiel parabolique.

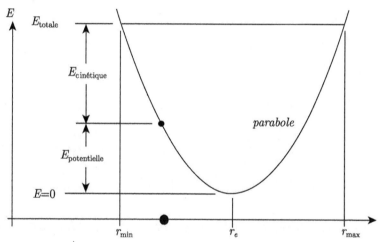

* D'après benhur.teluq.uquebec.ca

Pour une énergie mécanique fixée, le mouvement de l'oscillateur est borné : d'après le graphe ci-dessus, r est compris entre $r_{\min}$ et $r_{\max}$.

✎ Quelles sont les expressions de $r_{\min}$ et $r_{\max}$ en fonction de E_0, énergie mécanique du système ?

On a, au niveau des bornes : $E_m = \dfrac{1}{2}k(r - r_0)^2$ soit $r = r_0 \pm \sqrt{\dfrac{2E_m}{k}}$.

5.1.3 Portrait de phase

Pour décrire un mouvement à un degré de liberté, on peut utiliser aussi un diagramme où l'on porte :
- en abscisse la position x de la particule ;
- en ordonnée, sa vitesse $\dot{x}$.

Pour un oscillateur harmonique de pulsation propre ω_0, on peut utiliser un diagramme où l'on porte :
- en abscisse la position x de la particule ;
- en ordonnée, $\dot{x}/\omega_0$, nombre sans dimension.

Le plan ainsi défini s'appelle le plan de phase. Au cours du temps, la particule décrit une courbe qui est appelée trajectoire de phase. Si on modifie les conditions initiales, le point M évolue sur une autre trajectoire de phase. L'ensemble des trajectoires de phase constitue le portrait de phase du mouvement de la particule.

Dans le cas de l'oscillateur harmonique, l'énergie mécanique E_m est donnée par : $E_m = \dfrac{1}{2}m\dot{x}^2 + \dfrac{1}{2}kx^2$.

✎ Quelle est la forme de la courbe dans le plan $(x, \dot{x})$? dans le plan $(x, \dot{x}/\omega_0)$?

Dans le plan $(x, \dot{x})$, on a $\dfrac{\dot{x}^2}{a^2} + \dfrac{x^2}{b^2} = 1$, c'est une ellipse. Dans le plan $(x, \dot{x}/\omega_0)$, on a $\dfrac{\dot{x}^2}{\omega_0^2} + x^2 = 1$ soit l'équation d'un cercle.

Remarque : *il est donc très important de bien préciser les axes sur le schéma pour éviter des erreurs d'interprétation.*

Dans le plan de phase, les trajectoires ne se coupent pas : chaque trajectoire est caractéristique d'une énergie donnée ou de conditions initiales (x_0, v_0) données. En effet, la physique est ici déterministe : si on connaît les position et vitesse initiales et les forces qui agissent sur le système, on peut connaître la position ou la vitesse à tout instant. Si des trajectoires de phase se coupaient, alors cela voudrait dire que si le point d'intersection est choisi comme point initial, le système pourrait évoluer suivant 2 trajectoires différentes...ce qui n'est pas possible...cf théorème de Cauchy dans votre cours de mathématiques sur les équations différentielles.

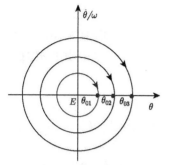

Portrait de phase du pendule simple aux petites amplitudes

Trois trajectoires de phase correspondant à trois valeurs différentes de θ_0 : $\theta_{01} < \theta_{02} < \theta_{03}$

Chaque trajectoire correspond donc à une énergie donnée : plus l'énergie est grande, plus le rayon (ou le demi-grand axe) est important.

Le point O est une trajectoire particulière : une particule lâchée sans vitesse initiale de sa position d'équilibre y reste !

Le sens de parcours de la trajectoire de phase est donné. Par exemple, prenons le cas ci-dessous. Si le ressort est lâché sans vitesse initiale de son point d'élongation maximale, sa vitesse algébrique diminue, en B elle est minimale, sa vitesse augmente de B à D puis diminue à nouveau, d'où le sens de parcours de la trajectoire.

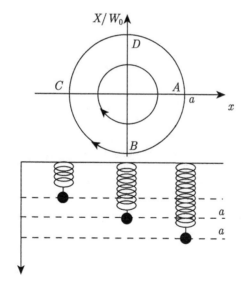

Les trajectoires fermées correspondent à des mouvements périodiques.

> Les trajectoires de phase s'enroulent, toujours dans le sens horaire, autour de la position d'équilibre stable.

On peut, bien sûr, utiliser le portait de phase pour des oscillateurs non harmoniques (anharmoniques) comme le pendule simple aux grandes amplitudes.

✍ On considère un pendule simple avec une barre rigide (à la place d'un fil) de longueur l. On donne en correspondance, la courbe $E_p(\theta) = mgl(1 - \cos\theta)$ et les trajectoires de phase dans le plan $(\theta, \dot{\theta}/\omega_0)$.

Décrire le mouvement de la particule pour les trajectoires de phase 1, 2, 3, 3′, 4.

Quel est le lien entre la nature des trajectoires de phase et le caractère périodique du mouvement? Justifier que les trajectoires de phase s'enroulent dans le sens horaire autour de la position d'équilibre stable $\theta = 0$.

Comment est la vitesse angulaire au passage par la position d'équilibre stable?

Comment est la vitesse angulaire au passage par la position d'équilibre instable?

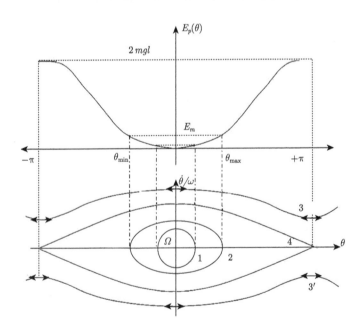

Pour la trajectoire 1, elle correspond aux petites oscillations : on a un cercle car on a le pendule simple et l'isochronisme des oscillations.

Pour la trajectoire 2, elle correspond à des oscillations autour de θ_{eq} mais on a la perte d'isochronisme : pendule aux grandes amplitudes.

La trajectoire 3 correspond à un mouvement révolutif, de type fronde car la dérivée $\dot{\theta}$ garde un signe constant.

La trajectoire 3' correspond aussi à un mouvement révolutif de rotation inverse.

La trajectoire 4 est la séparatrice : c'est la trajectoire limite d'amplitude π radians.

Quand la trajectoire est fermée, on a une trajectoire périodique.

Pour justifier le sens d'enroulement des trajectoires : quand $\dot{\theta}$ augmente, θ augmente et quand $\dot{\theta}$ diminue, θ diminue.

Lorsque le point matériel passe par la position d'équilibre stable, alors la vitesse angulaire est maximale.

Quand il passe par la position d'équilibre instable, la vitesse angulaire est minimale.

5.2   Oscillateur amorti à une dimension

Jusqu'à présent, on a négligé les frottements. Maintenant, on va les prendre en compte car expérimentalement, tous les oscillateurs non entretenus s'arrêtent.

5.2.1 Équation différentielle du mouvement

On considère une masse m assimilée à un point M, attachée à un ressort de constante de raideur k, de longueur à vide l_0 et soumise à un frottement fluide $\vec{f} = -\lambda\vec{v}$. Elle se déplace suivant l'axe Ox et on note $x(t)$ sa position à l'instant t.

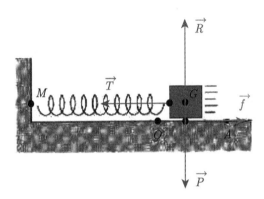

* D'après Physique de Jérôme Majou

On étudie le mouvement dans le référentiel terrestre supposé galiléen.

✎ Déterminer l'équation différentielle vérifiée par la position $x(t)$.

D'après le principe fondamental de la dynamique appliqué à la masse dans le référentiel terrestre supposé galiléen, on a :

$m\ddot{x} = -k(x - l_0) - \lambda\dot{x}$ soit sous forme canonique $\ddot{x} + \dfrac{\lambda}{m}\dot{x} + \dfrac{k}{m}x = \dfrac{k}{m}l_0$.

On reconnaît une équation différentielle linéaire du second ordre à coefficients constants avec second membre.

On la met sous forme canonique en introduisant deux nouvelles grandeurs Q, le facteur de qualité et ω_0 la pulsation propre :

$$\ddot{x} + \frac{\omega_0}{Q}\dot{x} + \omega_0^2 x = \omega_0^2 l_0.$$

Ceci nous permet d'avoir une forme "universelle" pour cette équation différentielle : par exemple, si on la retrouve dans un autre domaine de la physique (comme l'électricité au S3), on sait déjà la résoudre.

⋆ Résolution de l'équation homogène :

On a vu au premier semestre qu'il y avait 3 cas à distinguer pour les solutions de l'équation homogène, qui dépendent du signe du discriminant Δ :

- $\Delta > 0$: 2 racines réelles, régime apériodique ;
- $\Delta = 0$: 1 racine double, régime critique ;
- $\Delta < 0$: 2 racines complexes conjuguées, régime pseudo-périodique .

✎ Tracer l'allure de $x_h(t)$ dans les trois cas. Déterminer l'expression du temps caractéristique τ d'évolution du système pour les 3 cas. Que peut-on dire du régime critique ?

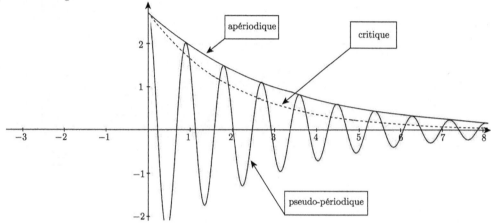

Le temps caractéristique τ a pour expression $\tau = \dfrac{2Q}{\omega_0}$. Le régime critique est celui où le retour à l'équilibre est le plus rapide.

✎ Préciser l'expression de la pseudo-période T des oscillations.

On a la pseudo-pulsation qui est donnée par $\Omega = \dfrac{\sqrt{-\Delta}}{2a}$ où Δ est le discriminant de l'équation caractéristique soit $\Omega = \omega_0\sqrt{1 - \dfrac{1}{4Q^2}}$, on en déduit donc l'expression de la pseudo-période : $T = \dfrac{2\pi}{\Omega} = \dfrac{T_0}{\sqrt{1 - 1/4Q^2}}$.

On introduit pour l'étude du régime pseudo-périodique, le décrément loga- rithmique δ défini par $\delta = \ln\left(\dfrac{x(t)}{x(t+T)}\right)$.

✎ Quelle est l'expression de δ en fonction de Q, ω_0 et T ?

On trouve $\delta = \dfrac{2\pi}{\sqrt{4Q^2 - 1}}$.

✎ Quelle est l'interprétation graphique de δ ?

C'est le rapport de deux extrema successifs (en échelle log).

✎ Le graphe ci-dessous représente la position du point M en fonction du temps. Que vaut δ ? T ? Q ?

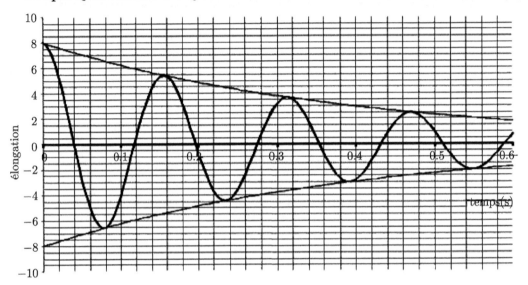

On a $T = 0,16$ *s,* $\delta = 0,43$, $Q \approx \dfrac{\pi}{\delta} = 7$, *ceci correspond aussi au nombre d'oscillations visibles.*

Remarque : *en travaux pratiques, on estime Q en comptant le nombre d'oscillations visibles.*

5.2.2   Portrait de phase

Dans le cas d'un oscillateur amorti, l'énergie diminue au cours du temps : la trajectoire de phase est une spirale qui s'enroule autour de la position d'équilibre, qui est alors un point attracteur.

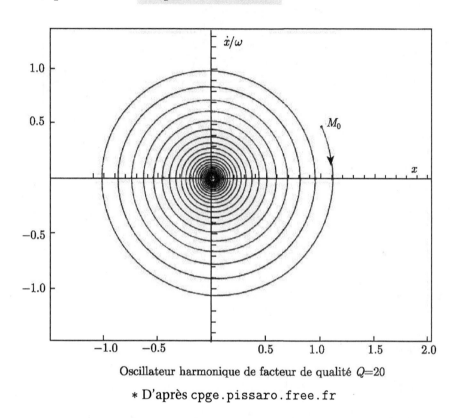

Oscillateur harmonique de facteur de qualité $Q=20$

∗ D'après cpge.pissaro.free.fr

On peut aussi remarquer une nouvelle interprétation du facteur de qualité Q comme le nombre d'oscillations visibles avant la relaxation vers l'état d'équilibre. L'utilisation d'un portrait de phase peut être très utile pour déterminer si le système est soumis à un frottement fluide ou un frottement solide...

Remarque : *les portraits de phase sont très utilisés pour étudier des systèmes complexes car on peut relever expérimentalement la vitesse et la position, sans connaître leurs expressions analytiques. Ensuite, l'étude des trajectoires dans le plan de phase peut nous indiquer si le système est stable, instable, périodique, avec point attracteur, avec cycle limite...*

Ci-dessous, le portrait de phase d'un oscillateur amorti par frottement solide.

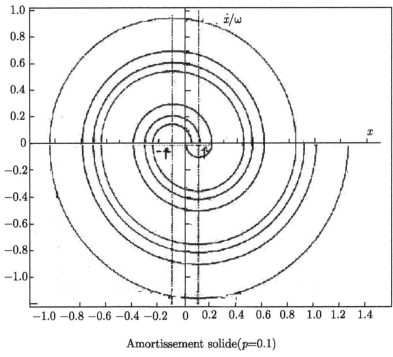

Amortissement solide($p=0.1$)

* D'après cpge.pissaro.free.fr

✎ Quelles sont les différences ?

Pour un oscillateur amorti par frottement fluide, on a un seul point attracteur, la spirale est de plus en plus resserrée.

Pour un oscillateur amorti par frottement solide, la variation de position au cours d'une période est constante et le point d'arrêt dépend des conditions initiales.

Annexe C

Oscillateurs mécaniques en régime libre

C.1 Webographie

Tension du fil du pendule :
http://www.sciences.univ-nantes.fr/sites/genevieve_tulloue/Meca/
Oscillateurs/tension_pendule.html

Masse suspendue à un ressort et portrait de phase :
http://www.sciences.univ-nantes.fr/sites/genevieve_tulloue/Meca/
Oscillateurs/ressort.html

Chapitre 6

Moment cinétique-force centrale conservative

Nous allons introduire dans ce chapitre un nouvel outil pour résoudre des problèmes en mécanique, le théorème du moment cinétique, particulièrement utile pour étudier les mouvements de rotation.

Ensuite, nous allons étudier les mouvements de particule dans les champs newtoniens de force centrale et leurs caractéristiques.

Dans toute la suite du cours, l'espace est muni d'un repère $(O, \vec{i}, \vec{j}, \vec{k})$ trièdre direct de l'espace.

Prérequis mathématique : dans ce chapitre, on va beaucoup utiliser le produit vectoriel. Vous pouvez aller consulter le premier chapitre de votre cours de mathématiques de ce semestre en cas de besoin.

Pour rappel, la direction du vecteur résultant d'un produit vectoriel est obtenu en appliquant la règle de la main droite.

6.1 Moment d'une force

6.1.1 Par rapport à un point

• **Définition :** On définit le moment d'une force $\vec{F}$ en un point O par $\vec{\mathcal{M}}_O = \overrightarrow{OM} \wedge \vec{F}$.

C'est une grandeur vectorielle ! Le moment est orthogonal au plan défini par $\overrightarrow{OM}$ et $\overrightarrow{F}$, le sens est obtenu en appliquant la règle de la main droite.

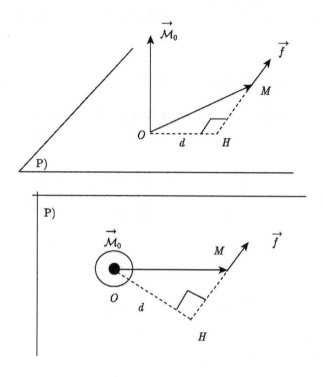

✎ Quelle est l'unité de cette nouvelle grandeur dans le système international ?

On a $[\mathcal{M}] = M \cdot L \cdot T^{-2} \cdot L = M \cdot L^2 \cdot T^{-2}$ soit comme unité, le newton mètre : N·m.

✎ En utilisant le schéma ci-dessus, donner l'expression de la norme du moment en fonction de la norme de $\overrightarrow{F}$ et de $d = OH$ la distance du point O à la droite $D(M, \overrightarrow{F})$.

On a $\|\overrightarrow{\mathcal{M_O}}\| = F \times d$.

Remarque : *si O appartient à la droite $D(M, \overrightarrow{F})$ alors le moment est nul...ce résultat peut être intéressant si on ne connaît pas l'expression d'une force dans un exercice.*

6.1.2 Par rapport à un axe

> • **Définition :** Soit un axe Δ passant par O, orienté selon la direction de son vecteur unitaire $\vec{e}_\Delta$. Le moment de la force $\vec{F}$ par rapport à l'axe Δ orienté est donné par : $\mathcal{M}_\Delta = \vec{\mathcal{M}}_O \cdot \vec{e}_\Delta = \left(\overrightarrow{OM} \wedge \vec{F}\right) \cdot \vec{e}_\Delta$.

C'est une grandeur scalaire, algébrique (positive ou négative) !!

✍ Montrer que la valeur de $\mathcal{M}_\Delta$ est indépendante du point O choisi sur l'axe Δ.

Par définition, on a $(\overrightarrow{O'M} \wedge \vec{F}) \cdot \vec{e}_\Delta = ((\overrightarrow{O'O} + \overrightarrow{OM}) \wedge \vec{F}) \cdot \vec{e}_\Delta$. Or, par définition, $\overrightarrow{O'O} \wedge \vec{F}$ est orthogonal à $\vec{e}_\Delta$ donc on a : $(\overrightarrow{O'M} \wedge \vec{F}) \cdot \vec{e}_\Delta = \mathcal{M}_\Delta$.

• Conséquences :

 * Cas où le moment est nul :

- si Δ et $D(M, \vec{F})$ sont sécantes en O', alors $\vec{\mathcal{M}}_{O'} = \vec{0}$ et donc $\mathcal{M}_\Delta = 0$: c'est normal car la force $\vec{F}$ ne peut pas faire tourner le point M autour de O'.
- si Δ et $D(M, \vec{F})$ sont parallèles, alors, comme $\vec{\mathcal{M}}_{O'} \perp \vec{F}$ par construction soit $\vec{\mathcal{M}}_{O'}$ est orthogonal à $\vec{e}_\Delta$ et donc $\mathcal{M}_\Delta = 0$: la force $\vec{F}$ peut faire tourner M, mais pas autour de Δ.

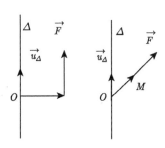

 * Cas d'une force orthogonale à l'axe Δ :

✎ L'orientation de l'axe Δ définit un sens de rotation autour de l'axe suivant la règle du tire-bouchon ou de la main droite. Indiquer ce sens sur la figure ci-contre.

On a le sens de rotation suivant :

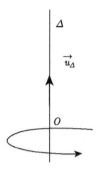

Si Δ et $D(M, \vec{F})$ sont orthogonales, alors $\mathcal{M}_\Delta = \pm Fd$ où $d = OH$ s'appelle ici le bras de levier.

Si $\vec{F}$ tend à faire tourner M autour de Δ dans le sens positif, alors $\mathcal{M}_\Delta = +Fd$, positif.

Si $\vec{F}$ tend à faire tourner M autour de Δ dans le sens négatif, alors $\mathcal{M}_\Delta = -Fd$, négatif.

Dans le cas général, il faut décomposer la force $\vec{F}$ en une composante parallèle à l'axe Δ et une composante orthogonale.

6.2   Moment cinétique

6.2.1   Par rapport à un point

• Définition :   Le moment cinétique dans le référentiel $\mathcal{R}$ d'étude du point matériel M de masse m est défini par :

$$\vec{L}_{O,\mathcal{R}}(M) = \overrightarrow{OM} \wedge m\vec{v}_{\mathcal{R}}(M) = \overrightarrow{OM} \wedge \vec{p}.$$

$\vec{p}$ est le vecteur quantité de mouvement de la particule M.

✍ On considère un point matériel M en mouvement circulaire uniforme autour de O. Calculer son moment cinétique en O.

On a $\vec{L}_{O,\mathcal{R}}(M) = R\vec{e_r} \wedge mR\omega\vec{e_\theta} = mR^2\omega\vec{e_z}$.

✍ On considère un point matériel M en mouvement rectiligne suivant l'axe (Ox). Que vaut son moment cinétique en O ?

On a le moment cinétique qui est nul car $\overrightarrow{OM}$ et $\vec{v}_{\mathscr{R}}(M)$ sont colinéaires (mouvement rectiligne).

Par rapport à un axe orienté

> • **Définition :** Le moment cinétique par rapport à l'axe Δ, défini par le point O et le vecteur $\vec{e}_\Delta$ dans le référentiel $\mathscr{R}$ d'étude du point matériel M de masse m est la projection du moment cinétique en O sur l'axe Δ :
> $$L_{\Delta,\mathscr{R}}(M) = (\overrightarrow{OM} \wedge m\vec{v}_{\mathscr{R}}(M)) \cdot \vec{e}_\Delta = \left(\overrightarrow{OM} \wedge \vec{p}\right) \cdot \vec{e}_\Delta.$$

✎ Est-ce que la grandeur L_Δ dépend du point O, appartenant à Δ ?

On a le moment cinétique qui est indépendant du point O car $\overrightarrow{OO'} \wedge \vec{p}$ est, par construction, orthogonal à $\vec{e}_\theta$ donc L_Δ est indépendant du choix de O.

6.3 Théorème du moment cinétique

6.3.1 En un point fixe

> Soit $\mathscr{R}$ un référentiel galiléen, O un point fixe dans $\mathscr{R}$, on considère un point matériel M de masse m, on a : $\left.\dfrac{d\vec{L}_O}{dt}\right)_{\mathscr{R}} = \sum \overrightarrow{\mathscr{M}_O}(\vec{F}_{\text{ext}}) = \overrightarrow{OM} \wedge \sum \vec{F}.$

✎ Prouvez-le !

On a :
$\left.\dfrac{d\vec{L}_O}{dt}\right)_{\mathscr{R}} = \vec{v}(M) \wedge m\vec{v}(M) + \overrightarrow{OM} \wedge m\vec{a}(M)$ en dérivant le produit. Or, le premier terme de la somme est nul et d'après le principe fondamental de la dynamique, on a $m\vec{a}(M) = \sum \vec{F}$ soit

$$\left.\frac{\mathrm{d}\vec{L}_O}{\mathrm{d}t}\right)_{\mathscr{R}} = \sum \overrightarrow{\mathcal{M}_O}(\vec{F}_{\text{ext}}) = \overrightarrow{OM} \wedge \sum \vec{F}.$$

6.3.2   Par rapport à un axe fixe

Soit $\mathscr{R}$ un référentiel galiléen, Δ un axe défini par O et orienté par $\vec{e}_\Delta$, on considère un point matériel M de masse m, on a : $\left.\dfrac{\mathrm{d}L_\Delta}{\mathrm{d}t}\right)_{\mathscr{R}} = \mathcal{M}_\Delta(\vec{F}_{\text{ext}}) = (\overrightarrow{OM} \wedge \sum \vec{F}) \cdot \vec{e}_\Delta.$

6.3.3   Application : le pendule simple

✍ Établir l'équation différentielle du pendule simple en utilisant le théorème du moment cinétique.

On a $\vec{L}_O(M) = ml^2\dot{\theta}\vec{e_z}$. D'après le théorème du moment cinétique, on a : $\dfrac{\mathrm{d}\vec{L}_O(M)}{\mathrm{d}t} = ml^2\ddot{\theta}\vec{e_z} = \overrightarrow{OM} \wedge \vec{T} + \overrightarrow{OM} \wedge \vec{P} = -mgl\sin\theta\vec{e_z}$ car le moment de la tension du fil est nul d'où $\ddot{\theta} + \dfrac{g}{l}\sin\theta = 0$.

Le théorème du moment cinétique a été obtenu grâce à la deuxième loi de Newton : il ne contient pas plus d'informations que cette dernière relation. Par contre, il est utile dans les mouvements de rotation et lorsqu'on a des forces inconnues de point d'application constant dans le système : on peut appliquer le théorème du moment cinétique au point d'application de ces forces et elles "disparaissent" de l'expression du théorème.

Maintenant, on va voir d'autres applications très utiles dans le cas des champs newtoniens de force conservative.

6.4 Force centrale conservative

6.4.1 Définition

Par définition, une force $\vec{F}$ est centrale si elle peut s'écrire sous la forme $\vec{F} = F\vec{e_r}$ c'est-à-dire la force $\vec{F}$ admet un point fixe O, origine du repère d'espace (la droite d'action $\mathscr{D}(M, \vec{F})$ passe tout le temps par O).

Une force $\vec{F}$ est dite conservative si elle dérive d'une énergie potentielle E_p. Dans le cas d'une force centrale conservative, on a la relation suivante :

$$F(r) = -\frac{dE_p}{dr}.$$

Rappel : E_p est toujours définie à une constante près.
Si on connaît l'expression analytique de la force F, on peut trouver l'énergie potentielle E_p et inversement, si on connaît l'expression analytique de E_p, on peut trouver l'expression de F.

6.4.2 Différents exemples

Interaction élastique

On considère un ressort de constante de raideur k et de longueur à vide r_0 à l'extrémité duquel est attaché une particule M de masse m. L'autre extrémité est fixe en O. On repère la position de M par $OM = r$.

✎ Démontrer que l'énergie potentielle élastique peut s'écrire $E_p = \dfrac{k(r - r_0)^2}{2} + A$ avec A une constante.

La force élastique est donnée par $\vec{F} = -k(r - r_0)\vec{e_r}$ soit $\delta W = -k(r - r_0)dr$, c'est une différentielle qu'on peut identifier à $-dE_p$. On a alors, en intégrant : $E_p = \dfrac{k(r - r_0)^2}{2} + A$ avec A constante.

✎ Tracer le graphe de $E_p(r)$. Que peut-on dire de l'état de la particule M ?

On a le graphe suivant :

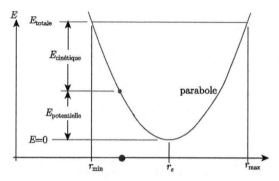

* D'après benhur.teluq.uquebec.ca

On a un état lié : pour toute valeur de l'énergie mécanique E_m, l'inéquation $E_m \geq E_p$ a pour solution un intervalle borné : $[r_{min}; r_{max}]$.

Interaction en $1/r^2$ répulsive

La force $\overrightarrow{F}$ s'écrit alors sous la forme $\overrightarrow{F} = \dfrac{k}{r^2}\overrightarrow{e_r}$ avec k positif.

✎ Donner un exemple d'une telle force. Déterminer $E_p(r)$. Représenter E_p en fonction de r. Quel est l'état d'une particule M soumise à cette force ?

C'est la force de Coulomb entre deux charges de même signe. On a $E_p(r) = \dfrac{k}{r} + A$ avec A constante : c'est un état diffusif. On a la courbe suivante :

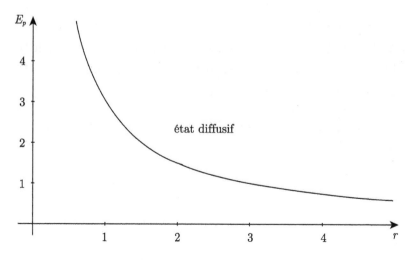

Interaction en $1/r^2$ attractive

La force $\vec{F}$ s'écrit alors sous la forme $\vec{F} = -\dfrac{k}{r^2}\vec{e_r}$ avec k positif.

✎ Rappeler l'expression de la force gravitationnelle. Déterminer $E_p(r)$. Représenter E_p en fonction de r. Quel est l'état d'une particule M soumise à cette force ?

On a $\vec{F} = -\dfrac{Gm_1m_2}{r^2}\vec{e_r}$ soit $E_p(r) = -\dfrac{Gm_1m_2}{r} + K$: on a un état lié ou diffusif, dépendant de la valeur de l'énergie mécanique. On a le graphe suivant :

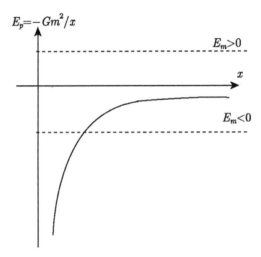

Dans le cas de la force gravitationnelle, m est la masse grave (adjectif qui vient de gravité) ou la masse pesante. Elle est identique à la masse inertielle m_i qui intervient dans le principe fondamental de la dynamique. L'égalité de ces 2 masses a été prouvée par de nombreuses expériences.

On définit le champ gravitationnel $\vec{\mathscr{G}}(r)$ créé par M_1 par : $\vec{\mathscr{G}}(r) = -\dfrac{Gm_1}{r^2}\vec{e_{r1}}$.

On définit aussi un potentiel gravitationnel $V(r)$ tel que $\vec{\mathscr{G}}(r) = -\dfrac{dV}{dr}\vec{e_{r1}}$.

✎ Exprimer l'énergie potentielle d'une particule M_2 en fonction du potentiel $V(r)$ créé par M_1.

On a $E_p(M_2) = m_2 V(r)$.

Les forces gravitationnelles et coulombiennes ont la même expression, en changeant juste les grandeurs considérées. On peut donc faire une analogie, qu'on appelle analogie électromécanique :

gravitation	électrostatique
m	q
G	$-\dfrac{1}{4\pi\varepsilon_0}$

6.5   Étude d'un mouvement à force centrale conservative

6.5.1   Position du problème

On étudie le mouvement d'une particule M de masse m soumise à une force centrale conservative $\overrightarrow{F} = F(r)\overrightarrow{e_r}$.

Choix des coordonnées

On se place dans le système des coordonnées polaires car on a une direction privilégiée $\overrightarrow{e_r}$. Les coordonnées de M sont donc (r, θ) et $\overrightarrow{F}(r) = F(r)\overrightarrow{e_r}$.

Équations du mouvement

On veut donc trouver les équations horaires $r(t)$ et $\theta(t)$. On va voir quelle est la méthode la plus simple.

✎ Rappeler l'expression de l'accélération $\overrightarrow{a}$ en coordonnées polaires. En déduire les 2 équations obtenues par projection du principe fondamental de la dynamique.

On a $\overrightarrow{a} = (\ddot{r} - r\dot{\theta}^2)\overrightarrow{e_r} + (r\ddot{\theta} + 2\dot{r}\dot{\theta})\overrightarrow{e_\theta}$. En appliquant le principe fondamental de la dynamique, on a :

$$
\begin{cases}
m(\ddot{r} - r\dot{\theta}^2) &= f(r) \\
m(r\ddot{\theta} + 2\dot{r}\dot{\theta}) &= 0
\end{cases}
$$

Ces équations différentielles sont couplées : on ne peut pas les résoudre successivement...il faut une autre méthode...

6.5.2 Constantes du mouvement

Conservation du moment cinétique

✎ Montrer que le moment cinétique de M en O est constant. Que peut-on en conclure ?

D'après le théorème du moment cinétique appliqué à M, on a $\dfrac{d\vec{L}_{O,\mathscr{R}}(M)}{dt} = \vec{0}$ car la force $\vec{F}$ est colinéaire à $\overrightarrow{OM}$ (force centrale). On en déduit donc que le vecteur moment cinétique est constant : le mouvement est donc plan car les vecteurs $\overrightarrow{OM}$ et $\vec{v}$ sont à tout instant dans le plan orthogonal à $\vec{L}_{O,\mathscr{R}}(M)$. De plus, la norme du vecteur est constante : on a $r^2\dot{\theta}$ constante.

Le mouvement est donc plan : on a maintenant un mouvement à 2 degrés de liberté.
On pose C tel que $\vec{L}_O(M) = mC\vec{e_z}$. C est appelée la constante des aires.

✎ Quelle est l'expression de C ?

On a $C = r^2\dot{\theta}$.

✐ Soient M et M' les positions du point matériel aux instants t et $t + dt$. Exprimer, à l'aide d'un produit vectoriel, l'aire $d\mathscr{A}$ balayée par le rayon vecteur pendant dt. On définit la vitesse aréolaire $v_a = d\mathscr{A}/dt$, montrer que $d\mathscr{A}/dt = C/2$. À quelle loi cette relation vous fait-elle penser ?

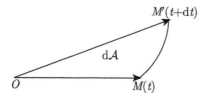

On a $\mathrm{d}\mathcal{A} = \dfrac{1}{2}\|\overrightarrow{OM} \wedge \mathrm{d}\overrightarrow{OM}\|$ soit $v_a = \dfrac{\mathrm{d}\mathcal{A}}{\mathrm{d}t} = \dfrac{C}{2}$, c'est la loi des aires.

Avec cette nouvelle relation, en remplaçant dans l'équation différentielle obtenue par le principe fondamental de la dynamique, on a : $m(\ddot{r} - r\dot{\theta}^2) = F(r)$ soit $\ddot{r} - \dfrac{C^2}{r^3} = \dfrac{F(r)}{m}$, équation différentielle en r non linéaire...on ne sait pas la résoudre... On cherche une nouvelle relation.

Conservation de l'énergie

On n'a pas encore utilisé le fait que $F(r)$ est une force conservative. La particule M constitue un système conservatif : $E_m = E_p + E_c$ se conserve.

✎ Exprimer l'énergie cinétique E_c en fonction de r, $\dot{r}$, $\dot{\theta}$ puis utiliser la constante des aires.

On a $E_c = \dfrac{1}{2}m(\dot{r}^2 + r^2\dot{\theta}^2) = \dfrac{1}{2}m\dot{r}^2 + \dfrac{1}{2}m\dfrac{C^2}{r^2}$.

✎ En déduire l'expression de E_m. Quelle est alors l'équation vérifiée par $\dot{r}$?

On en déduit l'expression suivante pour l'énergie mécanique : $E_m = \dfrac{1}{2}m\dot{r}^2 + \dfrac{1}{2}m\dfrac{C^2}{r^2} + E_p(r) = cste$.

On a donc obtenu une équation différentielle d'ordre 1 qu'on peut résoudre de façon analytique ou numérique selon l'expression de E_p.

Cas du champ newtonien

À partir de maintenant, on s'intéresse seulement aux champs newtoniens c'est-à-dire aux forces qui sont de la forme $\overrightarrow{f} = \varepsilon\dfrac{k}{r^2}\overrightarrow{e_r}$ avec $\varepsilon = \pm 1$ (force répulsive ou attractive).

On va effectuer un changement de variable : $u = 1/r$ pour trouver les formules de Binet.

✎ Exprimer $\dot{\theta}$ en fonction de C et u.

On a $\dot{\theta} = Cu^2$.

✎ Rappeler l'expression de v en coordonnées polaires. Montrer que
$$v^2 = C^2\left(\left(\frac{\mathrm{d}u}{\mathrm{d}\theta}\right)^2 + u^2\right).$$

On a $v = \sqrt{\dot{r}^2 + r^2\dot{\theta}^2}$. Or, $\dot{r} = \dfrac{\mathrm{d}}{\mathrm{d}\theta}\left(\dfrac{1}{u}\right) \times \dfrac{\mathrm{d}\theta}{\mathrm{d}t} = -\dfrac{\mathrm{d}u}{\mathrm{d}\theta} \times \dfrac{1}{u^2} \times \dot{\theta} = -C\dfrac{\mathrm{d}u}{\mathrm{d}\theta}$. On a donc $v^2 = C^2\left(\dfrac{\mathrm{d}u}{\mathrm{d}\theta}\right)^2 + \dfrac{C^2 u^4}{u^2} = C^2\left(\left(\dfrac{\mathrm{d}u}{\mathrm{d}\theta}\right)^2 + u^2\right)$.

✎ Rappeler l'expression de $\vec{a}$ en coordonnées polaires. Prouver que $\vec{a}$ est radiale. Montrer que $\quad a = -C^2 u^2\left(\dfrac{\mathrm{d}^2 u}{\mathrm{d}\theta^2} + u\right)$.

On a $\vec{a} = (\ddot{r} - r\dot{\theta}^2)\vec{e_r} + (2\dot{r}\dot{\theta} + r\ddot{\theta})\vec{e_\theta}$. D'après le principe fondamental de la dynamique appliqué à la particule, on a $m\vec{a} = \vec{f}$ soit une accélération orthoradiale nulle ($\vec{f}$ est centrale).

On a $\ddot{r} = \dfrac{\mathrm{d}}{\mathrm{d}\theta}\left(-C\dfrac{\mathrm{d}u}{\mathrm{d}\theta}\right) \times \dot{\theta} = -C\dfrac{\mathrm{d}^2 u}{\mathrm{d}\theta^2} \times Cu^2$.

On a $-r\dot{\theta}^2 = -\dfrac{C^2 u^4}{u}$. Finalement, on a :
$$a_r = -C^2 u^2\dfrac{\mathrm{d}^2 u}{\mathrm{d}\theta^2} - C^2 u^3 = -C^2 u^2\left(\dfrac{\mathrm{d}^2 u}{\mathrm{d}\theta^2} + u\right).$$

✎ Quelle est alors l'équation différentielle vérifiée par u ?

On a alors d'après le principe fondamental de la dynamique :
$$ma_r = ku^2 = -mC^2 u^2\left(\dfrac{\mathrm{d}^2 u}{\mathrm{d}\theta^2} + u\right) \quad \text{soit} \quad \dfrac{\mathrm{d}^2 u}{\mathrm{d}\theta^2} + u = -\dfrac{k}{mC^2}.$$

Les solutions sont de la forme $u(\theta) = A\cos(\theta - \theta_0) - \dfrac{\varepsilon k}{mC^2}$. On a donc, en posant $p = mC^2/k$:

$$r(\theta) = \frac{p}{Ap\cos(\theta - \theta_0) - \varepsilon} = \frac{p}{e\cos(\theta - \theta_0) - \varepsilon}$$

On reconnaît l'équation d'une conique de paramètre p et d'excentricité $e = Ap$.

Si $e = 1$, on a une parabole (état diffusif).

Si $e > 1$, on a une hyperbole (état diffusif).

Si $0 < e < 1$, on a une ellipse (état lié).

Si $e = 0$, on a un cercle (état lié).

On peut aussi montrer que l'énergie mécanique E_m s'exprime en fonction de l'excentricité e avec la relation suivante :

$$E_m = \frac{k^2}{2mC^2}(e^2 - 1) = \frac{k}{2p}(e^2 - 1).$$

On retrouve alors les cas précédents.

6.5.3   Cas particulier du mouvement circulaire

On considère une particule M de masse m soumise à une force newtonienne centrale en mouvement circulaire de rayon R autour de O (par exemple, la force gravitationnelle).

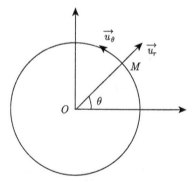

✎ Rappeler les expressions de $\overrightarrow{OM}$, $\overrightarrow{v}$ et $\overrightarrow{a}$ dans la base polaire.

On a $\overrightarrow{OM} = R\overrightarrow{u_r}$, $\overrightarrow{v}(M) = R\dot{\theta}\overrightarrow{u_\theta}$ et

$\overrightarrow{a}(M) = -R\dot{\theta}^2\overrightarrow{u_r} + R\ddot{\theta}\overrightarrow{u_\theta}$.

✎ En déduire que dans ce cas le mouvement est uniforme. Montrer que la vitesse se met sous la forme $v = \sqrt{\dfrac{k}{mR}}$. Quel est le signe de k? Est-ce cohérent ?

113

Comme le mouvement suit la loi des aires, on a $\dot{\theta} = cste$: le mouvement est uniforme. D'après le principe fondamental de la dynamique, pour un mouvement circulaire, on a : $-mv^2/R = -k/R^2$ soit $v = \sqrt{k/mR}$ qui est bien défini car k est strictement positif ici.

✎ Exprimer la période du mouvement T en fonction de k, m et R. Montrer qu'on a $\dfrac{T^2}{R^3} = \dfrac{4\pi^2 m}{k}$.

On a alors $T = \dfrac{2\pi}{\omega} = \dfrac{2\pi r}{v}$ soit $\dfrac{T^2}{R^3} = \dfrac{4\pi^2 m}{k}$.

Cette loi, dans le cas de la force gravitationnelle est la troisième loi de Kepler.

$$\frac{T^2}{R^3} = \frac{4\pi^2}{GM_s}.$$

✎ Exprimer l'énergie potentielle, l'énergie cinétique puis l'énergie mécanique en fonction de k et R. Quel est le lien entre ces 3 énergies pour un mouvement circulaire uniforme ?

On a $E_p = -\dfrac{k}{R}$, $E_c = \dfrac{1}{2}mv^2 = \dfrac{k}{2R}$ soit $E_m = E_c + E_p = -\dfrac{k}{2R}$, on a donc finalement les formules suivantes : $E_m = -E_c = \dfrac{E_p}{2}$.

On a donc $E_m = -\dfrac{k}{2R}$.

On peut montrer que les formules obtenues dans le cadre d'un mouvement circulaire sont identiques dans le cas d'un mouvement elliptique en remplaçant le rayon R par le demi-grand axe a de l'ellipse.

6.5.4 Discussion qualitative de la nature du mouvement

✎ Rappeler l'expression de l'énergie mécanique pour un mouvement à force centrale conservative. Faire apparaître la constante des aires C.

On a $E_m = \dfrac{1}{2}m\dot{r}^2 + \dfrac{1}{2}m\dfrac{C^2}{r^2} + E_p(r)$.

On a donc $E = \dfrac{1}{2}m\dot{r}^2 + \dfrac{mC^2}{2r^2} + E_p(r) = \dfrac{1}{2}m\dot{r}^2 + E_{p,\text{eff}}(r)$ avec $E_{p,\text{eff}}$ l'énergie potentielle effective.

On peut donc appliquer les méthodes vues dans le chapitre sur l'énergie car l'énergie cinétique radiale est toujours positive, mais attention ici, on trace $E_{p,\text{eff}}(r)$!

On distingue à nouveau les états liés pour lesquels la particule évolue entre deux positions $r_{\min}$ et $r_{\max}$ et les états libres ou diffusifs pour lesquels la particule peut aller à l'infini.

✎ Tracer l'allure des graphes $E_{p,\text{eff}}(r)$ dans le cas de la force de rappel élastique et dans le cas d'une interaction coulombienne entre 2 particules chargées de même signe.

On a les graphes suivants :

Dans le cas d'une force newtonienne attractive (comme la gravitation), on a le graphe suivant :

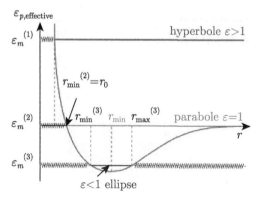

* D'après res-nlp.univ-lemans.fr

On retrouve les résultats de la partie précédente (lien entre E_m et e).

Pour $E_m > 0$, on a un état diffusif ou libre (hyperbole).

Pour $E_m = 0$, on a un état diffusif (parabole).

Pour $E_m < 0$, on a un état lié (ellipse ou cercle).

✎ Comment retrouve-t-on le cas du mouvement circulaire ? Quelle est la relation entre E_m et r ?

On retrouve le cas du mouvement circulaire quand $r = r_{\min}$. On a alors l'énergie cinétique radiale qui est nulle : $E_m = E_{p,\mathrm{eff}}(r_{\min})$.

On définit **la vitesse de libération** comme la vitesse minimale à fournir à un objet pour qu'il s'éloigne indéfiniment de cet objet. Ce cas correspond au cas limite de la parabole, soit $E_m = 0$.

✎ Montrer que dans le cas de la force gravitationnelle $v_{\mathrm{liberation}} = \sqrt{\dfrac{2GM}{r}}$.

Pour trouver l'expression de la vitesse de libération, on exprime la conservation de l'énergie mécanique de l'objet entre la surface de la Terre (à l'instant initial) et à l'infini (au bout d'un temps infini). On a : $\dfrac{1}{2}mv_l^2 - \dfrac{GMm}{r} = E_m(\infty) = E_c(\infty) + E_p(\infty) = 0$. On a donc

$$v_l = \sqrt{\dfrac{2GM}{r}}.$$

Numériquement, on a $v_{l,\mathrm{Terre}} \approx 11 \ km/s$.

Annexe D

Moment cinétique-force centrale conservative

D.1 Histoire

Kepler Johannes, né le 27 décembre 1571 et mort le 15 novembre 1630, est un astronome allemand célèbre pour avoir étudié l'hypothèse héliocentrique (la Terre tourne autour du Soleil) de Nicolas Copernic, et surtout pour avoir découvert que les planètes ne tournent pas en cercle parfait autour du Soleil mais en suivant des ellipses.

Il est célèbre aussi pour les 3 lois qu'il a démontrées qui concernent le mouvement des planètes autour du Soleil :

Hypothèses :

– Les planètes et le Soleil possèdent la symétrie matérielle sphérique. On peut donc considérer que les interactions sont les mêmes qu'entre points matériels dotés des masses considérées. On étudie alors uniquement le mouvement des centres des planètes.
– Ce problème à N planètes en mouvement autour du Soleil se réduit à N problèmes à 2 corps indépendants dont l'un est toujours le Soleil.
– La masse M_p de la planète p est négligeable devant celle du Soleil.

On a alors les 3 lois suivantes :

– Les centres des planètes décrivent des ellipses dont l'un des foyers est occupé par le Soleil.

– Les rayons vecteur balaient en des temps égaux des aires égales (appelée loi des aires).

– Les rapports des carrés des périodes de révolutions sur les cubes des demi-grands axes sont indépendants de la planète : $\dfrac{T^2}{a^3} = \dfrac{4\pi^2}{GM_{\text{Soleil}}}$.

D.2 Coniques

D.2.1 Définitions géométriques

a.Définition monofocale Les coniques sont les ensembles de points M dont le rapport des distances à un point F appelé foyer et à une droite D, ne passant pas par F, appelée directrice associée à F, est une constante e appelée excentricité de la conique :

$$\boxed{\dfrac{MF}{MH} = e}.$$

Selon la valeur de e, on distingue trois sortes de coniques :

– $e < 1$: ellipse
– $e = 1$: parabole
– $e > 1$: hyperbole

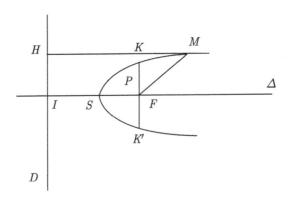

Remarques :
- F se projette orthogonalement en I sur D.
- la droite FI est axe de symétrie de la conique.
- Δ coupe la conique en S, un des sommets de la conique.

- la parallèle à D passant par F coupe la conique en deux points K et K' tels que $FK = FK' = p$ où p est le paramètre de focal de la conique.

- en exprimant que K appartienne à la conique, on a $KF = e \cdot IF$ donc $IF = \dfrac{p}{e}$.

b.Définition bifocale On a, par définition, $c = FF'$ et la droite FF' est l'axe focal (confondu avec le droite Δ précédente).

L'ellipse est l'ensemble des points dont la somme des distances aux foyers est constante

$$\boxed{MF + MF' = 2a}$$

où a est le demi-grand axe de l'ellipse.

L'hyperbole est l'ensemble des points dont la différence des distances aux foyers est constante :

$$\boxed{|MF - MF'| = 2a}.$$

Si $MF < MF'$, on parcourt une branche et si $MF > MF'$, on parcourt l'autre. Dans les deux cas précédents, on a

$$\boxed{e = \dfrac{c}{a}}.$$

La parabole est une ellipse dont l'un des foyers F' est rejeté à l'infini, dans la direction Δ.

Le cercle est une ellipse dont les deux foyers sont confondus en son centre : $e = 0$.

D.2.2   Équation en coordonnées polaires

On repart de la définition $e = \dfrac{MF}{MH}$. On a $MF = r$. Calculons MH.
Si on introduit J projeté orthogonal de M sur l'axe focal ; alors $MH = JI = FI - FJ$.
Or, $FI = \delta = \dfrac{p}{e}$ et $FJ = r\cos\theta$.
Donc, on a $MH = \dfrac{p}{e} - r\cos\theta$.
On a alors $\dfrac{r}{p/e - r\cos\theta} = e$ et donc $\boxed{r(\theta) = \dfrac{p}{1 + e\cos\theta}}.$

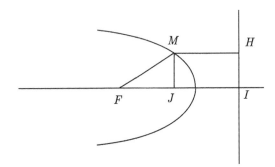

Cas de l'ellipse

Pour une ellipse, $e < 1$ donc le dénominateur ne s'annule jamais : r reste fini, on a une courbe fermée.

$r_{\min}$ est obtenu quand le dénominateur est maximal soit au point P tel que $\cos\theta = 1$, $\boxed{r_{\min} = \dfrac{p}{1+e}}$.

$r_{\max}$ est obtenu quand le dénominateur est minimal soit au point A tel que $\cos\theta = -1$, $\boxed{r_{\max} = \dfrac{p}{1-e}}$.

La distance $AP = 2a$ est le grand axe de l'ellipse, on a donc $2a = r_{\min} + r_{\max}$. On a donc

$$\boxed{a = \dfrac{p}{1-e^2}}.$$

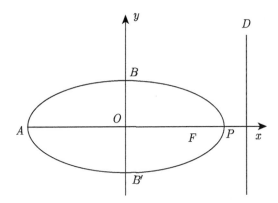

On définit le petit axe de l'ellipse $BB' = 2b$, deuxième axe de symétrie de la figure.

Passage aux cartésiennes

Si on exprime $\dfrac{MF}{MH} = e$, on peut montrer que ceci équivaut à

$$\frac{x^2}{a^2} + \frac{y^2}{a^2 - c^2} = 1,$$

on peut alors en déduire trois relations importantes :

- si $x = 0$, $y = \pm b$ et donc $\boxed{a^2 = b^2 + c^2}$;

- si $x = c$, on a $y = p$ et donc $\dfrac{c^2}{a^2} + \dfrac{p^2}{b^2} = 1$ soit $\boxed{p = \dfrac{b^2}{a}}$;

- si on élimine p des relations précédentes, on a $a = \dfrac{p}{1 - e^2}$ et $p = \dfrac{b^2}{a}$ donc $\boxed{e = \dfrac{c}{a}}$.

Calcul de l'aire de l'ellipse

On part de l'équation cartésienne de l'ellipse, on paramètre par ϕ avec
$$\begin{cases} x & = & a\cos\phi \\ y & = & b\sin\phi \end{cases}$$
Quand ϕ varie entre 0 et $\pi/2$, on obtient un quart de l'ellipse. Donc :

$$S = |4\int_0^{\pi/2} y\mathrm{d}x| = 4ab|\int_0^{\pi/2} \sin^2\phi\mathrm{d}\phi|$$

$$\text{Or} \int_0^{\pi/2} \sin^2\phi\mathrm{d}\phi = \int_0^{\pi/2} \cos^2\phi\mathrm{d}\phi = \frac{1}{2}\int_0^{\pi/2}(\sin^2\phi + \cos^2\phi)\mathrm{d}\phi = \frac{\pi}{4}$$

$$S = \pi ab.$$

Chapitre 7

Changement de référentiel

Dans ce chapitre, nous allons nous intéresser au changement de référentiel car il est souvent plus simple d'étudier le mouvement d'un solide, assimilé à un point matériel dans un référentiel $\mathcal{R}'$ plutôt que dans $\mathcal{R}$ puis de revenir au final dans le référentiel $\mathcal{R}$. Nous allons nous intéresser ici à l'aspect cinématique (composition des vitesses et des accélérations).

Exemple : si on étudie le mouvement d'un point d'une roue de vélo, dans le référentiel du vélo, c'est un cercle de rayon R. Dans le référentiel terrestre, c'est une cycloïde.

7.1   Composition des vitesses

7.1.1   Définitions et notations

Soient deux référentiels $\mathcal{R}$ et $\mathcal{R}'$ avec le référentiel $\mathcal{R}'$ en mouvement par rapport à $\mathcal{R}$. $\mathcal{R}'$ est le référentiel relatif, $\mathcal{R}$ le référentiel absolu.

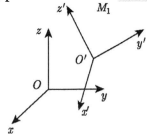

Il existe 2 cas particuliers de mouvement :
  – le mouvement de translation rectiligne de $\mathcal{R}\prime$ par rapport à $\mathcal{R}$. C'est le cas du train ou du tapis roulant.

– le mouvement de rotation autour de O' à la vitesse $\omega = \dot{\theta}$.

En général, le mouvement instantané de $\mathscr{R}\prime$ par rapport à $\mathscr{R}$ se décompose toujours en un mouvement de translation caractérisé par $\vec{v}_{\mathscr{R}}(O')$ et un mouvement de rotation autour de O' de vecteur $\vec{\omega} = \vec{\omega}_{\mathscr{R}'/\mathscr{R}}$.

On considère le mouvement d'un point matériel M dans $\mathscr{R}\prime$. M est repéré par ses coordonnées cartésiennes dans chaque référentiel :

$$\overrightarrow{OM} = x\vec{e_x} + y\vec{e_y} + z\vec{e_z} \qquad \text{et} \qquad \overrightarrow{O'M} = x'\vec{e_x}' + y'\vec{e_y}' + z'\vec{e_z}'$$

On définit la vitesse absolue comme la vitesse de M dans le référentiel $\mathscr{R}$.
On définit la vitesse relative comme la vitesse de M dans le référentiel $\mathscr{R}\prime$.

✎ Donner les expressions de ces 2 vitesses en fonction des dérivées des coordonnées et des vecteurs de base.

On a $\vec{v}_a = \vec{v}_{\mathscr{R}}(M) = \dot{x}\vec{e_x} + \dot{y}\vec{e_y} + \dot{z}\vec{e_z}$.

On a $\vec{v}_{rel} = \vec{v}_{\mathscr{R}'}(M) = \dot{x}'\vec{e_x}' + \dot{y}'\vec{e_y}' + \dot{z}'\vec{e_z}'$.

✎ Donner de même les expressions des accélérations relative et absolue.

On a $\vec{a}_a = \vec{a}_{\mathscr{R}}(M) = \ddot{x}\vec{e_x} + \ddot{y}\vec{e_y} + \ddot{z}\vec{e_z}$.

On a $\vec{a}_{rel} = \vec{a}_{\mathscr{R}'}(M) = \ddot{x}'\vec{e_x}' + \ddot{y}'\vec{e_y}' + \ddot{z}'\vec{e_z}'$.

On définit le point coïncidant P comme le point fixe dans $\mathscr{R}\prime$ qui coïncide avec le point M à l'instant t et seulement à l'instant t.

On définit alors la vitesse d'entraînement comme la vitesse du point coïncidant P dans $\mathscr{R}$. Elle est notée $\vec{v_e}$. De même pour l'accélération d'entraînement notée $\vec{a_e}$. Ces grandeurs caractérisent le mouvement de $\mathscr{R}\prime$ par rapport à $\mathscr{R}$ et sont indépendantes du mouvement ultérieur du point M (c'est-à-dire du mouvement du point M après l'instant t).

✎ Donner les définitions de $\vec{v_e}$ et $\vec{a_e}$.

On a $\vec{v_e} = \vec{v}_{\mathscr{R}}(M)$ et $\vec{a_e} = \vec{a}_{\mathscr{R}}(M)$.

7.1.2 Dérivation temporelle d'un vecteur

Soient $\vec{A}$ un vecteur et $\mathcal{R}$ et $\mathcal{R}\prime$ deux référentiels. On a :

$$\vec{A} = A_x\vec{e_x} + A_y\vec{e_y} + A_z\vec{e_z}$$

$$\vec{A} = A'_x\vec{e_x}' + A'_y\vec{e_y}' + A'_z\vec{e_z}'$$

$$\left.\frac{\mathrm{d}\vec{A}}{\mathrm{d}t}\right)_{\mathcal{R}} = \dot{A}_x\vec{e_x} + \dot{A}_y\vec{e_y} + \dot{A}_z\vec{e_z}$$

$$\left.\frac{\mathrm{d}\vec{A}}{\mathrm{d}t}\right)_{\mathcal{R}\prime} = \dot{A}_x'\vec{e_x}' + \dot{A}_y'\vec{e_y}' + \dot{A}_z'\vec{e_z}'$$

Mais que vaut $\left.\dfrac{\mathrm{d}\vec{A}_{\mathcal{R}\prime}}{\mathrm{d}t}\right)_{\mathcal{R}}$?

$$\left.\frac{\mathrm{d}\vec{A}_{\mathcal{R}\prime}}{\mathrm{d}t}\right)_{\mathcal{R}} = \left.\frac{\mathrm{d}}{\mathrm{d}t}\left(A'_x\vec{e_x}' + A'_y\vec{e_y}' + A'_z\vec{e_z}'\right)\right)_{\mathcal{R}}$$

$$= \left.\frac{\mathrm{d}\vec{A}}{\mathrm{d}t}\right)_{\mathcal{R}\prime} + A'_x\frac{\mathrm{d}\vec{e_x}'}{\mathrm{d}t} + A'_y\frac{\mathrm{d}\vec{e_y}'}{\mathrm{d}t} + A'_z\frac{\mathrm{d}\vec{e_z}'}{\mathrm{d}t}$$

en dérivant comme un produit.

Or, intuitivement, si $\mathcal{R}\prime$ est en translation rectiligne par rapport à $\mathcal{R}$, il n'y a aucune variation des vecteurs de base, le second terme est nul : la vitesse d'entraînement est, dans ce cas, égale à la vitesse de O' dans $\mathcal{R}$.

Le second terme (avec les dérivées des vecteurs de base de $\mathcal{R}\prime$ prises dans $\mathcal{R}$) fait dont intervenir $\vec{\omega}$ [1].

Or, en prenant $\vec{\omega} = \omega\vec{e_z}'$, on a :

$$\left.\frac{\mathrm{d}\vec{e_x}'}{\mathrm{d}t}\right)_{\mathcal{R}} = \left.\frac{\mathrm{d}\vec{e_x}'}{\mathrm{d}\theta}\right)_{\mathcal{R}} \times \left.\frac{\mathrm{d}\theta}{\mathrm{d}t}\right)_{\mathcal{R}} = \omega \times \vec{e_y}' = \vec{\omega} \wedge \vec{e_x}'.$$

De même,

$$\left.\frac{\mathrm{d}\vec{e_y}'}{\mathrm{d}t}\right)_{\mathcal{R}} = \left.\frac{\mathrm{d}\vec{e_y}'}{\mathrm{d}\theta}\right)_{\mathcal{R}} \times \left.\frac{\mathrm{d}\theta}{\mathrm{d}t}\right)_{\mathcal{R}} = -\omega \times \vec{e_x}' = \vec{\omega} \wedge \vec{e_y}'.$$

---

1. La démonstration rigoureuse va être faite en cours de mathématiques dans 2 ans.

On en déduit donc la formule suivante pour la dérivation temporelle d'un vecteur $\vec{A}$:

$$\left.\frac{d\vec{A}}{dt}\right)_{\mathscr{R}} = \left.\frac{d\vec{A}}{dt}\right)_{\mathscr{R}'} + \vec{\omega}_{\mathscr{R}'/\mathscr{R}} \wedge \vec{A}.$$

Il faut donc définir et distinguer proprement et explicitement le référentiel de définition d'un vecteur, le référentiel où a lieu l'opération de dérivation et la base de projection dans laquelle le vecteur est exprimé !

7.1.3   Loi de composition des vitesses

✎ Montrer alors qu'en appliquant les résultats précédents au vecteur vitesse $\vec{v} = \overrightarrow{OM}$, on a :

$$\vec{v}_{\mathscr{R}}(M) = \vec{v}_{\mathscr{R}}(O') + \vec{v}_{\mathscr{R}'}(M) + \vec{\omega} \wedge \overrightarrow{O'M}.$$

On a $\vec{v}_{\mathscr{R}}(M) = \left(\dfrac{d\overrightarrow{OM}}{dt}\right)_{\mathscr{R}'} + \vec{\omega} \wedge \overrightarrow{OM}$. Or, $\left(\dfrac{d\overrightarrow{OM}}{dt}\right)_{\mathscr{R}'} = \left(\dfrac{d\overrightarrow{OO'}}{dt}\right)_{\mathscr{R}'} + \left(\dfrac{d\overrightarrow{O'M}}{dt}\right)_{\mathscr{R}'}$.

On a donc : $\left(\dfrac{d\overrightarrow{OO'}}{dt}\right)_{\mathscr{R}'} = \vec{v}_{\mathscr{R}}(O') - \vec{\omega} \wedge \overrightarrow{OO'}$ et $\left(\dfrac{d\overrightarrow{O'M}}{dt}\right)_{\mathscr{R}'} = \vec{v}_{\mathscr{R}'}(M)$ soit

$\vec{v}_{\mathscr{R}}(M) = \vec{v}_{\mathscr{R}'}(M) + \vec{v}_{\mathscr{R}}(O') - \vec{\omega} \wedge \overrightarrow{OO'} + \vec{\omega} \wedge \overrightarrow{OM}$ d'où la formule demandée.

On peut aussi retenir sous la forme $\boxed{\vec{v}_a(M) = \vec{v}_{rel}(M) + \vec{v}_e}$.

7.2   Composition des accélérations

7.2.1   Loi de composition des accélérations

✎ En appliquant à nouveau la formule de dérivation vectorielle, montrer que :

$$\vec{a}_{\mathscr{R}}(M) = \vec{a}_{\mathscr{R}'}(M) + \vec{a}_{\mathscr{R}}(O') + 2\vec{\omega} \wedge \vec{v}_{\mathscr{R}'}(M) + \dot{\vec{\omega}} \wedge \overrightarrow{O'M} + \vec{\omega} \wedge (\vec{\omega} \wedge \overrightarrow{O'M}).$$

On a, en appliquant la formule de dérivation vectorielle à la formule précédente sur la vitesse :

$$\vec{a}_{\mathscr{R}}(M) = \vec{a}_{\mathscr{R}}(O') + \vec{a}_{\mathscr{R}'}(M) + \vec{\omega} \wedge \vec{v}_{\mathscr{R}}(M) + \vec{\omega} \wedge \overrightarrow{O'M} + \vec{\omega} \wedge (\vec{v}_{\mathscr{R}'}(M) + \vec{\omega} \wedge \overrightarrow{O'M})$$

soit

$$\vec{a}_{\mathscr{R}}(M) = \vec{a}_{\mathscr{R}}(O') + \vec{a}_{\mathscr{R}'}(M) + 2\vec{\omega} \wedge \vec{v}_{\mathscr{R}}(M) + \vec{\omega} \wedge \overrightarrow{O'M} + \vec{\omega} \wedge (\vec{\omega} \wedge \overrightarrow{O'M})$$ d'où

la formule demandée.

On peut aussi retenir sous la forme suivante $\boxed{\vec{a}_a(M) = \vec{a}_{rel}(M) + \vec{a}_e + \vec{a}_c}$
avec $\vec{a}_a = \vec{a}_{\mathscr{R}}(M)$, l'accélération absolue ;
$\vec{a}_e = \vec{a}_{\mathscr{R}}(O') + \vec{\omega} \wedge \overrightarrow{O'M} + \vec{\omega} \wedge (\vec{\omega} \wedge \overrightarrow{O'M})$, l'accélération d'entrainement ou
l'accélération du point coïncidant ;
$\vec{a}_c = 2\vec{\omega} \wedge \vec{v}_{\mathscr{R}'}(M)$, l'accélération de Coriolis.

⚠ $\vec{a_e} \neq \dfrac{d\vec{v}_e}{dt}$

Ces expressions se simplifient dans le cas de mouvements particuliers qu'on va étudier maintenant.

7.2.2 Cas particuliers

Translation de $\mathscr{R}'$ par rapport à $\mathscr{R}$

Dans ce cas, $\vec{\omega} = \vec{0}$.

Dans un mouvement d'entraînement de translation, les axes de $\mathscr{R}'$ restent parallèles à ceux de $\mathscr{R}$ et O' a dans $\mathscr{R}$ un mouvement quelconque. Si la trajectoire de O' est rectiligne, la translation est rectiligne, si elle est circulaire, la translation est aussi circulaire.

✎ Donner un exemple de translation circulaire.

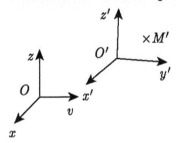

On peut prendre l'exemple de la Terre autour du Soleil ou du référentiel lié à une personne sur un manège.

✍ Que peut-on dire du mouvement par rapport à $\mathscr{R}$ de tout point fixe de $\mathscr{R}\prime$, comparé au mouvement par rapport à $\mathscr{R}$ de l'origine O' de $\mathscr{R}\prime$? En déduire la vitesse d'entraînement en tout point M en fonction de la vitesse absolue de O'.

C'est le même mouvement. On a donc $\vec{v_e} = \vec{v}_{\mathscr{R}}(O')$.

✎ Donner dans ce cas les expressions de la vitesse d'entraînement, de l'accélération d'entraînement, de celle de Coriolis. Écrire dans ce cas les formules de changement de référentiel pour la vitesse et l'accélération.

On a donc $\vec{v_e} = \vec{v}_{\mathscr{R}}(O')$, $\vec{a_e} = \vec{a}_{\mathscr{R}}(O')$ et $\vec{a_c} = \vec{0}$ car il n'y a pas de rotation. On a alors $\vec{v}_{\mathscr{R}} = \vec{v}_{rel} + \vec{v}_a$ et $\vec{a}_{\mathscr{R}} = \vec{a}_a + \vec{a}_{rel}$.

Rotation uniforme de $\mathscr{R}\prime$ par rapport à $\mathscr{R}$

✍ Que peut-on dire du mouvement par rapport à $\mathscr{R}$ de tout point fixe M' de $\mathscr{R}\prime$? En déduire la vitesse d'entraînement en M en fonction de r et de la vitesse angulaire $\omega = \dfrac{d\theta}{dt}$.

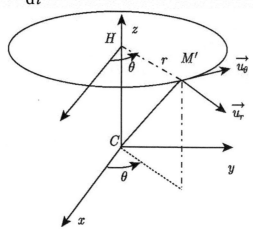

Tout point fixe M' de $\mathscr{R}\prime$ est est en mouvement circulaire uniforme autour de Oz : $\vec{v_e} = \vec{v}_{\mathscr{R}}(P) = -r\vec{u_r} \wedge \omega\vec{u_z} = \vec{\omega} \wedge \overrightarrow{OM'}$.

✎ Donner dans ce cas les expressions de la vitesse d'entraînement, de l'accélération d'entraînement, de celle de Coriolis. Écrire dans ce cas les formules de changement de référentiel pour la vitesse et l'accélération. Montrer que $\vec{a_e} = -\omega^2 \overrightarrow{HM}$.

Pour l'accélération, on a $\vec{a_e} = \vec{a}_{\mathcal{R}}(P) = \vec{\omega} \wedge (\vec{\omega} \wedge \overrightarrow{HM}) = -\omega^2 \overrightarrow{HM}$. On a $\vec{a}_c = 2\vec{\omega} \wedge \vec{v}_{\mathcal{R}'}(M)$.

On a $\vec{v}_a = \vec{v}_{rel} + \vec{v}_e$ et $\vec{a}_a = -\omega^2 \overrightarrow{HM} + \vec{a}_{\mathcal{R}'}(M) + \vec{a}_c$.

Tableau résumé

✎ Compléter le tableau suivant :

On a le tableau suivant :

mouvement d'entraînement	quelconque	translation	circulaire uniforme
composition des vitesses	$\vec{v} = \vec{v}_a + \vec{v}_e$		
	$\vec{v_e} = \vec{v}_{\mathcal{R}}(P)$	$\vec{v_e} = \vec{v}_{\mathcal{R}}(O')$	$\vec{v_e} = \vec{\omega} \wedge \overrightarrow{O'M}$
composition des accélérations	$\vec{a} = \vec{a}_a + \vec{a}_e + \vec{a}_c$		
	$\vec{a_e} = \vec{a}_{\mathcal{R}}(O') + \vec{\omega} \wedge \overrightarrow{O'M} + \vec{\omega} \wedge (\vec{\omega} \wedge \overrightarrow{O'M})$	$\vec{a_e} = \vec{a}_{\mathcal{R}}(O')$	$\vec{a_e} = -\omega^2 \overrightarrow{HM}$
	$\vec{a_C} = 2\vec{\omega} \wedge \vec{v}_{\mathcal{R}'}(M)$	$\vec{a_C} = \vec{0}$	$\vec{a_C} = 2\vec{\omega} \wedge \vec{v}_{\mathcal{R}'}(M)$

Chapitre 8

Dynamique en référentiel non galiléen

Nous allons nous intéresser maintenant à l'aspect dynamique des changements de référentiel : comment écrire les théorèmes généraux de la mécanique lorsqu'on est dans un référentiel quelconque ?

8.1 Forces d'inertie

Un référentiel $\mathcal{R}$ est galiléen si la vitesse d'une particule matérielle isolée est constante. Dans un tel référentiel, on a la deuxième loi de Newton qui est aussi vérifiée pour un point matériel M quelconque.

Un référentiel $\mathcal{R}\prime$ est galiléen s'il a un mouvement de translation rectiligne uniforme par rapport à $\mathcal{R}$.

Principe de relativité de Galilée :
- Les référentiels galiléens constituent une classe d'équivalence [1], ils sont en translation rectiligne uniforme les uns par rapport aux autres.
- Le temps est absolu et indépendant du référentiel d'étude choisi.
- Les lois de la mécanique et de la physique ont la même expression dans tous les référentiels galiléens.

✎ Soient $\mathcal{R}$ et $\mathcal{R}\prime$ 2 référentiels galiléens, montrer que la deuxième loi de Newton est bien vérifiée dans $\mathcal{R}\prime$.

Si les deux référentiels sont galiléens, alors $\vec{\omega} = \vec{0}$, $\vec{a}_c = \vec{0}$, $\vec{a}_e = \vec{0}$

---

1. cf cours de mathématiques

car le point O' est en translation rectiligne uniforme. On a donc :

$$m\vec{a}_{\mathscr{R}}(M) = m\vec{a}_{\mathscr{R}'}(M) = \sum \vec{F}_{\text{ext}}.$$

8.1.1 Forces d'inertie, principe fondamental de la dynamique

On considère 2 référentiels R_g galiléen et R_{ng}, référentiel non galiléen. On cherche à exprimer la deuxième loi de Newton dans R_{ng} pour une particule M soumise dans R_g à un ensemble de forces dont la résultante est notée $\vec{f}$.

✎ Écrire le principe fondamental de la dynamique (PFD) dans R_g galiléen. Exprimer l'accélération absolue $\vec{a}_a$ en fonction de l'accélération relative $\vec{a}'$ en utilisant la loi de composition des accélérations. Montrer que le PFD peut s'écrire dans R_{ng} non galiléen : $m\vec{a}' = \vec{f} + \vec{f}_{ie} + \vec{f}_{ic}$ où s'introduisent des termes homogènes à des forces, appelées forces d'inertie $\vec{f}_{ie}$ et $\vec{f}_{ic}$ qu'on exprimera en fonction de m et des accélérations $\vec{a}_e$ et $\vec{a}_c$.

On a, dans un référentiel galiléen, $m\vec{a}_{\mathscr{R}g}(M) = \vec{f}$. Or, d'après la loi de composition des accélérations, on a :

$$\vec{a}_{\mathscr{R}g}(M) = \vec{a}_{\mathscr{R}ng}(M) + \vec{a}_{\mathscr{R}g}(O') + 2\vec{\omega} \wedge \vec{v}_{\mathscr{R}ng}(M) + \vec{\omega} \wedge (\vec{\omega} \wedge \overrightarrow{O'M}) + \dot{\vec{\omega}} \wedge \overrightarrow{O'M} =$$

$$\vec{a}_a + \vec{a}_{rel} + \vec{a}_C \text{ soit } m\vec{a}_{\mathscr{R}ng} = \vec{f} + \vec{f}_{ie} + \vec{f}_{ic} \text{ avec } \vec{f}_{ie} = -m\vec{a}_e \text{ et } \vec{f}_{ic} = -m\vec{a}_c.$$

Ces forces d'inertie sont des forces qui ne traduisent pas une interaction : elles apparaissent car R_{ng} est non galiléen. C'est pourquoi on les appelle souvent des pseudo-forces.

$\vec{f}_{ie}$ est la force d'inertie d'entraînement : elle est donnée par $-m\vec{a}_e$ avec $\vec{a}_e$ l'accélération du point P coïncidant avec M à l'instant t dans le référentiel R_g.

$\vec{f}_{ic}$ est la force d'inertie de Coriolis : elle est donnée par $-m\vec{a}_c$.

Ces deux forces dépendent du mouvement de R_{ng} par rapport à R_g et des grandeurs cinématiques du point M.

Comme ces forces ne décrivent pas une interaction entre corps matériels, il faut *se placer dans R_g pour comprendre le comportement physique de la matière.*

Remarque : *si vous vous souvenez, au début du cours, on a mentionné les forces dont la valeur dépendait du référentiel. Les forces d'inertie en sont un exemple car elles font intervenir la vitesse et dans un référentiel galiléen, elles n'existent pas.*

On va interpréter ces forces grâce à l'étude de quelques cas particuliers.

8.1.2   Cas où R_{ng} est en translation par rapport à R_g

✎ Exprimer la force d'inertie $\vec{f}_{ie}$ dans le cas d'un mouvement d'entraînement de translation. Donnez des situations pratiques où l'on peut ressentir cette pseudo-force. À quelle condition est-elle nulle ? Conclure.

On a $\vec{f}_{ie} = -m\vec{a}_e = -m\,\vec{a}_{\mathcal{R}_g}(O')$. C'est le cas lorsqu'une voiture freine ou accélère. Elle est nulle si $\vec{a}_{\mathcal{R}_g}(O')$ soit dans le cas d'un le mouvement de translation rectiligne uniforme.

✎ Exprimer la force d'inertie de Coriolis $\vec{f}_{ic}$ dans ce cas.

Dans ce cas, $\vec{f}_{ic} = \vec{0}$.

✍ Le référentiel $\mathcal{R}$ lié au sol est galiléen. Le camion possède une accélération constante $\vec{a_0} = a_0\vec{e_x}$. On s'intéresse à une masse m accrochée au plafond du camion, par un fil de longueur l inextensible et de masse négligeable. Quelle est la position d'équilibre du pendule ainsi constitué, repérée par α_e ?

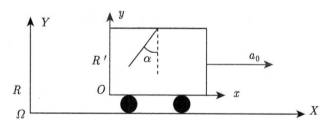

Le pendule est à l'équilibre dans $\mathcal{R}'$, référentiel lié au camion, non galiléen. On a, d'après le principe fondamental de la dynamique appliqué à la masse dans le référentiel du camion :

$m\vec{a}_{\mathcal{R}'}(M) = \vec{P} + \vec{T} + \vec{f}_{ie}$. En projection sur les axes, on a :

$$\begin{cases} T\cos\alpha - mg = 0 \\ T\sin\alpha - ma_0 = 0 \end{cases}$$

soit $\alpha_e = \arctan\left(\dfrac{a_0}{g}\right)$.

Plus le camion est accéléré, plus α est grand : c'est en accord avec l'expérience quotidienne (dans une voiture ou dans un avion au décollage).

Remarque : *dans le référentiel du sol galiléen, on peut attribuer cette position d'équilibre $\alpha_e \neq 0$ à l'inertie de la masse m à suivre le mouvement du camion et à acquérir son accélération (la tension du fil travaille dans $\mathcal{R}$ pour rattraper le camion, alors que dans $\mathcal{R}_{ng}$ la tension ne travaille pas).*

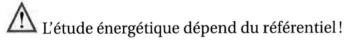 L'étude énergétique dépend du référentiel !

Remarque : *il faut toujours être dans un référentiel galiléen pour faire le bilan énergétique qui correspond au comportement réel de la matière. Mais, attention, le comportement global du système ne change pas d'un référentiel à l'autre, heureusement !*

8.1.3 Cas où R_{ng} est en rotation uniforme par rapport à R_g

✎ Rappeler l'expression, en fonction du vecteur $\overrightarrow{HM}$, de l'accélération d'entraînement dans le cas d'un mouvement d'entraînement de rotation uniforme à la vitesse angulaire ω autour de Oz. En déduire l'expression de la force d'inertie $\vec{f}_{ie}$ et la représenter sur la figure. Est-elle centrifuge ou centripète ?

Donnez des situations pratiques où l'on peut ressentir cette pseudo-force.

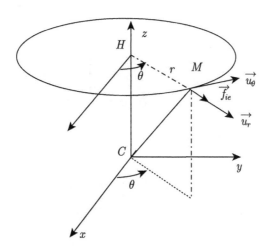

On a $\vec{a}_e = -\omega^2 \overrightarrow{HM}$ soit $\vec{f}_{ie} = m\omega^2 \overrightarrow{HM}$: c'est la force centrifuge qu'on ressent dans un virage.

✍ On considère une tige horizontale qui tourne à la vitesse angulaire ω constante autour de Oz. Une perle M de masse m est glissée sur la tige et ne peut donc se déplacer que le long de celle-ci. On s'intéresse au mouvement de la perle dans le référentiel lié à la tige. Exprimer les forces d'inertie $\vec{f}_{ie}$ et $\vec{f}_{ic}$. En déduire l'équation différentielle vérifiée par x. La résoudre. Commentaires. Quelle est l'expression de la réaction de la tige $\vec{R}$?

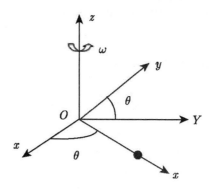

On a $\vec{f}_{ie} = m\omega^2 \overrightarrow{HM} = m\omega^2 x \vec{e}_x$.

On a $\vec{f}_{ic} = -2m\vec{\omega} \wedge x\vec{e}_x = -2mx\omega\vec{e}_y$.

D'après le principe fondamental de la dynamique, on a :

$$m\vec{a} = \vec{f}_{ie} + \vec{f}_{ic} + \vec{P} + \vec{R} \quad \text{soit}$$

$$
\begin{cases}
m\ddot{x} = m\omega^2 x \\
m\ddot{y} = -2mx\omega + R_y = 0 \\
m\ddot{z} = -mg + R_z = 0
\end{cases}
\iff
\begin{cases}
\ddot{x} - \omega^2 x = 0 \\
R_y = 2mx\omega \\
R_z = mg
\end{cases}
$$

Les solutions de l'équation différentielle sont les suivantes :

$x(t) = A\cosh(\omega t) + B\sinh(\omega t)$. Cette solution diverge mais c'est normal : avec la force centrifuge, la perle est poussée vers l'extérieur, $x(t)$ croît.

Comme $x(t)$ est non nul, la réaction du support a aussi une composante horizontale!! Attention à ne pas l'oublier!

8.2 Théorèmes généraux de mécanique

On va démontrer dans cette partie comment s'appliquent les théorèmes généraux de la mécanique dans un référentiel non galiléen.

8.2.1 Théorème du moment cinétique

Dans un référentiel R_{ng} non galiléen, on a, en notant O un point fixe dans $\mathcal{R}_{ng}$,

$$\left. \frac{d\vec{L}_0}{dt} \right)_{R_{ng}} = \vec{\mathcal{M}}_O(\vec{f} + \vec{f}_{ie} + \vec{f}_{ic}).$$

8.2.2 Théorèmes énergétiques

✎ Montrer que $\left. \dfrac{dE'_C}{dt} \right)_{R_{ng}} = \mathscr{P}(\vec{f}) + \mathscr{P}(\vec{f_i}).$

On a $m\vec{a}_{\mathcal{R}ng}(M) \cdot \vec{v}_{\mathcal{R}ng} = (\vec{f} + \vec{f}_{ie} + \vec{f}_{ic}) \cdot \vec{v}_{\mathcal{R}ng}$ soit

$$\frac{dE'_c}{dt} = \mathscr{P}(\vec{f}) + \mathscr{P}(\vec{f}_{ic}) + \mathscr{P}(\vec{f}_{ic}).$$

✎ Que vaut la puissance de la force d'inertie de Coriolis ?

On a $\mathscr{P}(\vec{f}_{ic}) = 0$ car la force de Coriolis est orthogonale à la vitesse de M dans le référentiel $\mathcal{R}_{ng}$ par construction.

Ainsi, la force de Coriolis, quand elle existe, ne travaille jamais !

✎ Donner l'expression du travail élémentaire de la force d'inertie d'entraînement $\vec{f}_{ie}$ dans le cas d'un mouvement d'entraînement de rotation uniforme à la vitesse angulaire ω autour de Oz. Montrer qu'elle dérive de l'énergie potentielle $E_{p,ie} = -\dfrac{1}{2}m\omega^2 HM^2$.

On a, dans ce cas, $\vec{f}_{ie} = m\omega^2\overrightarrow{HM}$ soit $\delta W = \vec{f}_{ie} \cdot \vec{dl} = m\omega^2 r dr$ soit

$dE_p = -m\omega^2 r dr$ et $E_p(r) = -\dfrac{1}{2}m\omega^2 r^2 + K$ où K est une constante.

8.3   Tableau résumé

On a le tableau suivant :

$m\vec{a}' = \vec{f} + \vec{f}_{ie} + \vec{f}_{ic}$	$\vec{f}_{ie} = -m\vec{a}_e$	$\vec{f}_{ic} = -m\vec{a}_c$
$\mathcal{R}\prime$ en translation par rapport à $\mathcal{R}$	$\vec{f}_{ie} = -m\vec{a}_{\mathcal{R}}(O')$	$\vec{f}_{ic} = \vec{0}$
$\mathcal{R}\prime$ en rotation uniforme par rapport à $\mathcal{R}$	$\vec{f}_{ie} = m\omega^2\overrightarrow{HM}$ $E_{p,ie} = -\dfrac{1}{2}m\omega^2 HM^2$	$\vec{f}_{ic} = -2m\vec{\omega} \wedge \vec{v}_{\mathcal{R}\prime}(M)$ $W_{FC} = 0$
position d'équilibre relatif dans $\mathcal{R}\prime$		$\vec{f}_{ic} = \vec{0}$

Chapitre 9

Caractère galiléen approché des référentiels usuels

On rappelle qu'un référentiel est galiléen s'il est en translation rectiligne uniforme par rapport à un référentiel $\mathscr{R}$ galiléen de référence. Il suffit donc d'en trouver un.... Or, un tel référentiel n'existe pas : on va montrer dans cette partie quelles sont les conséquences du caractère non galiléen des référentiels usuels et quels sont les critères pour les considérer comme galiléens ou non.

9.1 Rappels

Les principaux référentiels d'étude :
• Le référentiel de Copernic $\mathscr{R}_C$ est défini par le repère associé ayant pour origine le centre d'inertie C du système solaire et 3 axes définis par des directions stellaires fixes. Pour des points matériels mobiles dans le système solaire, ce référentiel est galiléen avec une excellente précision.
• Le référentiel héliocentrique : le référentiel de Kepler $\mathscr{R}_K$ se déduit du référentiel de Copernic $\mathscr{R}_C$ par translation. L'origine du repère associé a pour origine le centre d'inertie S du Soleil, les 3 axes peuvent être choisis parallèles à ceux du repère lié à $\mathscr{R}_C$. Ce référentiel peut être considéré comme galiléen avec une excellente précision. On y étudiera le mouvement des planètes, de météorites ou de sondes interstellaires soumises à l'attraction du Soleil.
• Le référentiel géocentrique $\mathscr{R}^*$, lié au centre d'inertie de la Terre, a des axes dirigés vers des étoiles fixes : il est en translation elliptique par rapport au référentiel de Copernic.

• le référentiel terrestre $\mathscr{R}_T$ lié à la Terre et en rotation autour de l'axe des pôles à une vitesse angulaire $\vec{\Omega}$ constante par rapport à $\mathscr{R}^*$.

Quelques ordres de grandeur numériques :
$R_T = 6,4 \times 10^3$ km, $G = 6.67 \times 10^{-11}$ SI, 1 jour sidéral =86 164 s, 1 an=365,25 jours $\approx \pi 10^7$ s, $\Omega = 7,3 \times 10^{-5}$ rad/s.

✍ Jour sidéral et jour solaire : au bout d'un jour solaire T_0 , le Soleil se retrouve au méridien d'un même lieu (STM et STM$_1$ alignés). Dans le même temps, la Terre a fait dans le référentiel géocentrique, un peu plus d'un tour sur elle-même, du fait de son mouvement de rotation autour de l'axe des pôles. Elle a donc tourné de $2\pi + \alpha_1$. De quel angle aura-t-elle tourné en deux jours solaires ? De quel angle aura-t-elle tourné en une année constituée de n jours solaires ? En déduire la relation entre T le jour sidéral, T_0 et n. Montrer que : $T = 86\ 164$ s.

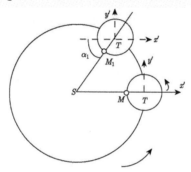

Au bout de deux jours, la Terre aura tourné de $2 \times (2\pi + \alpha_1)$. Au bout d'une année, on a $n \times 2\pi = n\alpha_1 = (n+1)T = nT_0$. Or, par définition,

$$T_0 = 24 \times 3600 = 86400 \text{ s et } T = \frac{n}{n+1}T_0 = \frac{365,25}{366,25} \times T_0 = 86164 \text{ s}.$$

Est-ce que les référentiels précédents sont galiléens ?

Pour cela, il faut vérifier expérimentalement le résultat prédit par la deuxième loi de Newton.

Est-ce que le référentiel terrestre est galiléen ? L'expérience du pendule de Foucault prouve que non.

Est-ce que le référentiel géocentrique est galiléen ? L'existence des marées océaniques prouve que non.

Est-ce que le référentiel de Copernic est galiléen ? Le Soleil a un mouvement accéléré par rapport à un référentiel galactocentrique...
D'où l'intérêt du principe d'inertie qui postule l'existence de tels référentiels.

Dans cette partie, on va quantifier le caractère non galiléen de ces référentiels et essayer de mesurer l'écart, le degré d'approximation.

9.2 Statique dans le référentiel terrestre

✏ Le référentiel terrestre $\mathscr{R}_T$ est lié à la Terre, il est en rotation autour de l'axe des pôles dans le référentiel géocentrique $\mathscr{R}_0$. Le repère terrestre local utilisé est indiqué sur la figure : Az suivant la direction TA ; Ax vers l'Est ; Ay vers le Nord. Justifier que le repère, ainsi défini, est bien orthonormé direct. Le référentiel terrestre $\mathscr{R}_T$ est-il galiléen ? Rappeler l'expression des forces d'inertie d'entraînement et de Coriolis.

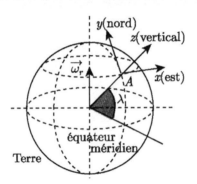

Il est orthonormé direct car on peut appliquer la règle de la main droite.

Il est non galiléen car il est en rotation par rapport à $\mathscr{R}_0$.
On a alors $\vec{f}_{ie} = -m\vec{a}_e = m\omega^2 \overrightarrow{HM}$ et $\vec{f}_{ic} = -2m\vec{\omega} \wedge \vec{v}_{\mathscr{R}_I}(M)$.

> • **Définition :** Le poids d'un corps est, par définition, la résultante de la force de gravitation exercée par la Terre sur le point matériel et de la force d'inertie d'entraînement.

✎ Donner son expression en fonction de m, $\vec{G}(M)$ champ de gravitation créé par la Terre, de Ω et de $\overrightarrow{HM}$. Donner l'expression de $\overrightarrow{G}(M)$ dont on montre, par application du théorème de Gauss (étudié en cours d'électrostatique dans 2 ans), qu'il est le même que celui exercé par la masse totale M_T de la Terre rassemblée en son centre T.

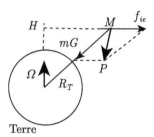

On a $\overrightarrow{P} = \overrightarrow{F} + \overrightarrow{f}_{ie} = -\dfrac{GMm}{R_T^2}\overrightarrow{e_z} + m\Omega^2\overrightarrow{HA}$ avec $\overrightarrow{G}(m) = -\dfrac{GM}{R_T^2}\overrightarrow{e_z}$.

On pose $\overrightarrow{P} = m\overrightarrow{g}(M)$ où $\overrightarrow{g}(M)$ est le champ de pesanteur terrestre en M.

✎ Donner l'expression de $\overrightarrow{g}(M)$.

On a alors $\overrightarrow{g}(M) = \overrightarrow{G}(M) + \Omega^2\overrightarrow{HA} = \overrightarrow{G}(M) + R_T\Omega^2\cos\lambda\,\overrightarrow{e}_{HA}$.

✎ Déterminer lorsqu'il est maximum, le rapport de la force d'inertie au poids du corps. On donne à la surface de la Terre $g = 9,80$ m·s^{-2}, $R_T = 6380$ km et $T = 86\,164$ s. Conclusion ?

On a $\dfrac{R_T\Omega^2\cos\lambda_{\max}}{g} = \dfrac{R_T\Omega^2}{g} = 3,4\times10^{-3}$ ce qui est négligeable la plupart du temps.

La direction de $\overrightarrow{g}(M)$ définit la verticale au point M.

✎ Montrer que c'est la direction prise par un fil à plomb immobile dans le référentiel terrestre $\mathscr{R}_T$.

Le fil à plomb est soumis à la tension du fil et au poids, c'est-à-dire l'interaction gravitationnelle et la force d'inertie d'entraînement.

✎ Montrer que, pour un point M à la surface de la Terre, l'angle α entre la direction de $\overrightarrow{g}(M)$ et celle de $\overrightarrow{G}(M)$ est tel que $\tan\alpha = \dfrac{\Omega^2 R\sin(2\lambda)}{2g}$. Pour quelle valeur de la latitude λ cet angle est-il maximum? Donner sa valeur.

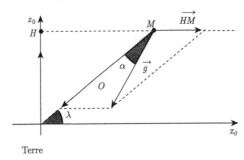

On a alors $\tan\alpha = \dfrac{g_\theta}{g_r} = \dfrac{R_T\Omega^2\sin(2\lambda)}{2g}$ qui est maximum pour $\lambda = \pi/4$, on a alors $\alpha_{\max} = 1,7\times10^{-6}$ rad.

9.3 Dynamique dans le référentiel terrestre

La force de Coriolis peut-elle mettre en évidence le caractère non galiléen du référentiel terrestre R_T?

On a la relation fondamentale de la dynamique qui s'écrit, dans le référentiel terrestre :

$$m\vec{a} = m\vec{g} - 2m\vec{\Omega}\wedge\vec{v}_R(M) + \vec{F}_{\text{ext}}$$

car la force d'inertie d'entraînement est incluse dans le poids!!

9.3.1 Force de Coriolis

Nous allons tout d'abord nous intéresser aux échelles caractéristiques du problème pour savoir dans quels cas les effets de cette force sont à prendre en compte. On note L_{Coriolis} la longueur caractéristique d'évolution de cette force et T_{Coriolis} le temps d'évolution. On a alors :

$$L_{\text{Coriolis}} = a_{\text{Coriolis}}T_{\text{exp}}^2$$

où T_{exp} est le temps caractéristique de l'expérience. On a $L_{\text{exp}} = v_{\text{exp}}T_{\text{exp}}$ et $a_{\text{Coriolis}} = \omega v_{\text{exp}}$ donc

$$L_{\text{Coriolis}} = a_{\text{Coriolis}}T_{\text{exp}}^2 = \omega v_{\text{exp}}T_{\text{exp}}^2 = \dfrac{T_{\text{exp}}}{T_{\text{Coriolis}}}L_{\text{exp}}.$$

Les effets de la force de Coriolis sont donc négligeables pour des durées inférieures à la journée, dans le référentiel terrestre.

Ainsi, la force de Coriolis va pouvoir influencer la dynamique terrestre.

Remarque : la force de Coriolis ne travaille pas ; d'après le théorème de l'énergie cinétique, elle ne modifie pas la norme du vecteur vitesse mais sa direction ; elle dévie les trajectoires.

Expression de ses composantes : on considère l'exemple du mouvement d'un mobile se déplaçant sans frottements sur un plan tournant à Ω constant. On a :

$$\vec{F_c} = -2m\vec{\Omega} \wedge \overrightarrow{v_r(M)}$$

$$\vec{F_c} = -2m \begin{vmatrix} 0 \\ 0 \\ \Omega \end{vmatrix} \wedge \begin{vmatrix} v_x \\ v_y \\ v_z \end{vmatrix} = -2m \begin{vmatrix} -\Omega v_y \\ \Omega v_x \\ 0 \end{vmatrix}$$

On a alors en projetant la relation fondamentale de la dynamique sur Ox et Oy :

$$\begin{cases} m\dfrac{dv_x}{dt} &= 2m\Omega v_y \\[2mm] m\dfrac{dv_y}{dt} &= -2m\Omega v_x \end{cases}$$

On a un système d'équations différentielles couplées que l'on peut résoudre grâce à deux méthodes différentes :

• Première méthode : $\psi = v_x + iv_y$

On a alors

$$\frac{d\psi}{dt} + 2i\Omega\psi = 0$$

qui nous donne $\psi(t) = \psi_0 e^{-2i\Omega t}$.

Or, $\vec{v}(t=0) = v_0\vec{e_x}$ et donc $\psi(0) = v_0$. On a alors

$$\begin{cases} v_x &= \mathrm{Re}(\psi) &= v_0\cos 2\Omega t \\[2mm] v_y &= \mathrm{Im}(\psi) &= -v_0\sin 2\Omega t \end{cases}$$

On a alors, si à $t = 0$, M est en $M_0(x_0, y_0)$:

$$\begin{cases} x(t) &= \dfrac{v_0}{2\Omega} \sin 2\Omega t + x_0 \\[3mm] y(t) &= \dfrac{v_0}{2\Omega} (\cos(2\Omega t) - 1) + y_0 \end{cases}$$

On a alors une trajectoire circulaire de rayon $R = \dfrac{v_0}{2\Omega}$.

A.N : $v_0 = 10$ m/s, alors $R = 140$ km...

• **Deuxième méthode : on dérive la première équation**

On a alors

$$m\frac{\mathrm{d}^2 v_x}{\mathrm{d}t^2} = 2m\Omega\frac{\mathrm{d}v_y}{\mathrm{d}t} = 2m\Omega(-2\Omega v_x)$$

soit

$$m\frac{\mathrm{d}^2 v_x}{\mathrm{d}t^2} + 4\Omega^2 v_x = 0$$

On a alors

$$v_x = A\cos 2\Omega t + B\sin 2\Omega t = v_0 \cos 2\Omega t$$

car $v_x(0) = v_0$ et $v_y(0) = \dfrac{\mathrm{d}v_x}{\mathrm{d}t}(t = 0) = 0$.

9.3.2 Météorologie

On a dans R_T, en coordonnée sphériques $\vec{\Omega} = \begin{pmatrix} -\Omega\cos\lambda \\ 0 \\ \Omega\sin\lambda \end{pmatrix}$

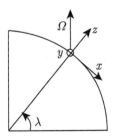

On a alors :

$$\vec{F_c} = -2m\Omega \begin{vmatrix} -v_y\sin\lambda \\ v_x\sin\lambda + v_z\cos\lambda \\ -v_y\cos\lambda \end{vmatrix}$$

Pour les masses d'air, selon la verticale, on a un équilibre hydrostatique (cf cours de statique des fluides l'année prochaine) : les masses d'air peuvent se déplacer librement dans le plan horizontal. Les termes qui vont donc jouer sont en $\sin\lambda$.

Cette composante est donc maximale aux pôles, nulle à l'équateur et change de signe à la traversée de ce dernier.

Dans l'hémisphère nord, on a $\sin\lambda$ qui est positif donc on a $\vec{F_c} = -2m\Omega v\sin\lambda\,\vec{e_y}$: la particule est déviée vers sa droite alors que dans l'hémisphère sud, elle est déviée vers sa gauche.

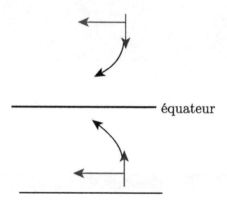

équateur

Or, l'air tend à se déplacer des zones de haute pression (anticyclone) vers celles de basse pression (dépression) : un tourbillon qui se forme autour d'une dépression va donc être dans le sens trigonométrique dans l'hémisphère nord.

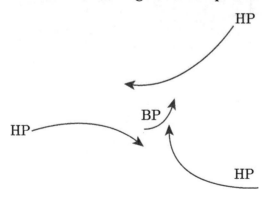

L'équilibre entre les forces de pression et les forces de Coriolis est qualifié d'équilibre géostrophique.

La circulation des alizés est aussi modifiée par les forces de Coriolis : l'air chaud, animé de mouvements de convection, monte au niveau de la zone intertropicale puis redescend au niveau de l'équateur (cellule de Hadley). La force de Coriolis dévie ces mouvements d'air qui influencent la circulation océanique.

Le Cyclone Katrina

* D'après `southalabama.edu`

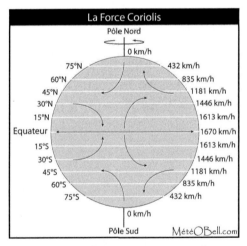

Ordre de grandeur des vitesses d'entraînement des vents à la surface de la Terre

* D'après `météobell.com`

9.3.3   Déviation vers l'Est

✎ En un lieu de latitude λ, on lâche une particule à une altitude h. On néglige la résistance de l'air et la variation de g avec l'altitude. On prend $g = 10$ m/s^2, $h = 158$ m et $\lambda = 51°$N. Étudier le mouvement de la particule en considérant le référentiel terrestre comme galiléen. Quel est le temps de chute ?

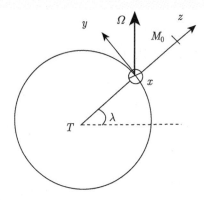

Si le référentiel terrestre est galiléen, l'application du principe fondamental de la dynamique nous donne $z(t) = H - \dfrac{g t^2}{2}$ *soit*

$t_{\text{chute}} = \sqrt{\dfrac{2H}{g}} = 5{,}7$ *s.*

✐ On considère maintenant l'effet de la force de Coriolis. Déterminer qualitativement son influence sur la chute libre du corps.

La force de Coriolis va dévier le projectile vers l'Est. En effet, $\vec{\Omega} \wedge \dot{z}\vec{e_z}$ *est dirigé suivant* $-\vec{e_x}$ *soit* $\vec{f}_{ic}$ *suivant* $+\vec{e_x}$.

Le mouvement obtenu va être très proche de celui de la chute libre usuelle car la force de Coriolis est de faible amplitude : on va faire un développement perturbatif ou encore appliquer la méthode des petites perturbations.

$$\overrightarrow{OM} = \overrightarrow{OM_0} + \Omega\overrightarrow{OM_1} + \Omega^2\overrightarrow{OM_2} + \dots$$

où $\overrightarrow{OM_n}$ est de l'ordre de $\overrightarrow{OM_0}$ mais Ω est très petit ($\overrightarrow{OM_0}$ terme obtenu sans prendre en compte la force de Coriolis, $\Omega\overrightarrow{OM_1}$ terme d'ordre 1,...).

✍ Reprendre l'étude précédente en tenant compte de la force de Coriolis et en utilisant l'expression approchée de la vitesse de la particule obtenue précédemment (méthode des petites perturbations) : développement à l'ordre 1. Donner une expression approchée de la déviation vers l'Est à t. Calculer la distance du point d'impact à la verticale du point de lancement.

D'après le principe fondamental de la dynamique appliqué à la masse m dans le référentiel terrestre non galiléen, on a : $m\vec{a} = \vec{P} + \vec{F}_{ic} = -mg\vec{u_z} - 2m\Omega\cos\lambda\dot{z}\vec{e_x}$. On a alors en utilisant l'expression pour $\dot{z}$ obtenue précédemment : $\ddot{x} = -2\Omega\cos\lambda(-gt) = 2\Omega\cos\lambda gt$. En intégrant avec les conditions initiales, on obtient $x(t) = \dfrac{\Omega\cos\lambda gt^3}{3}$. On trouve numériquement $x = 2,8$ cm.

À l'ordre suivant, la vitesse est non nulle suivant $\dot{x}$, cela ajoute une composante à la force de Coriolis qui va introduire une déviation vers le Sud dans l'hémisphère nord et vers le Nord dans l'hémisphère sud.

Cette expérience a été réalisée par Reich qui a mesuré $2,82$ cm.

9.3.4 Pendule de Foucault

Dans un référentiel galiléen, un pendule lâché sans vitesse initiale oscille dans un plan fixe. Or, l'expérience du pendule de Foucault (qui a été installé en 1851 au Panthéon) montre que la Terre tourne.

∗ D'après www.epsic.ch   ∗ D'après clubastronomie.free.fr

En effet, on a une rotation lente de son plan d'oscillation qui ne peut être expliquée que par la présence de la force de Coriolis qui le dévie vers la droite. Les effets sont faibles mais comme ils s'ajoutent au cours du temps, on observe un rotation du plan avec une période de $T_{\mathrm{rot}} = \dfrac{2\pi}{\Omega \sin \lambda}$.

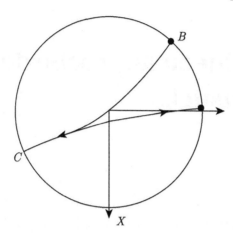

Annexe E

Caractère galiléen approché des référentiels usuels

E.1 Histoire

• Gaspard-Gustave Coriolis, né à Paris le 21 mai 1792 et mort à Paris le 19 septembre 1843, est un mathématicien et ingénieur français. Il a donné son nom à l'accélération de Coriolis et à la force de Coriolis affectant le mouvement des corps dans un milieu en rotation.

• Jean Léon Foucault, né à Paris le 18 septembre 1819 et mort à Paris le 11 février 1868, était un physicien et astronome français.
Connu principalement pour son expérience démontrant la rotation de la Terre autour de son axe (pendule de Foucault), il détermina aussi la vitesse de la lumière et inventa le gyroscope.

Vous pouvez aussi lire Le Pendule de Foucault de Umberto Eco, les premières pages sont pleines de physique et de poésie...

E.2 Webographie

Pendule en rotation :
http://www.sciences.univ-nantes.fr/sites/genevieve_tulloue/Meca/
non_galileen/pendule_manege.html

Particule sur un anneau en rotation :
http://www.sciences.univ-nantes.fr/sites/genevieve_tulloue/Meca/

`non_galileen/anneau_tige.html`

Effet de la force de Coriolis :

`http://www.sciences.univ-nantes.fr/sites/genevieve_tulloue/Meca/`
`RefTerre/Coriolis.html`

Déviation vers l'est :

`http://www.sciences.univ-nantes.fr/sites/genevieve_tulloue/Meca/`
`RefTerre/Est.html`

Le pendule de Foucault :

`http://www.sciences.univ-nantes.fr/sites/genevieve_tulloue/Meca/`
`RefTerre/Foucault0.html`

Deuxième partie

Exercices

Chapitre 1

Analyse dimensionnelle

Exercice 1 **Unités**

1. On exprime la vitesse d'un corps par l'équation $v = At^3 - Bt$ où t représente le temps. Quelles sont les unités SI de A et B ?

2. Donnez les unités SI des coefficients A, B et C dans l'équation suivante : $x = At^2 + Bt + C$ où x est une distance et t un temps.

3. Trois étudiants établissent les équations suivantes dans lesquelles x désigne la distance parcourue (m), a l'accélération ($m \cdot s^{-2}$), t le temps (s) et l'indice 0 indique que l'on considère la quantité à l'instant $t = 0$ s.

(a) $x = vt^2$

(b) $x = v_0 t + \dfrac{1}{2} at^2$

(c) $x = v_0 t + 2at^2$

Parmi ces équations, lesquelles sont possibles ?

Exercice 2 **Premiers pas**

1. La longueur d s'exprime en fonction de deux autres longueurs d_1 et d_2 mais l'une des formules est fausse. Laquelle ? $d = \dfrac{d_1 + d_2}{d_1 d_2}$ ou $d = \dfrac{d_1 d_2}{d_1 + d_2}$.

2. Les formules suivantes sont-elles homogènes ?

2.a. L'énergie de la matière est donnée par $E = m \times c^2$, avec c la vitesse de la lumière.

2.b. L'équation suivante $P + \mu g z = $ Constante, avec P la pression du liquide, z son altitude et μ sa masse volumique.

2.c. La vitesse d'un fluide peut-elle être $v = \sqrt{\dfrac{2(P_2 - P_1)}{\mu(1 - S_1/S_2)^2}}$, où P désigne des pressions, μ sa masse volumique et S des surfaces.

2.d. $-\dfrac{1}{v}\dfrac{\mathrm{d}v}{\mathrm{d}P} = \dfrac{1}{P_0}$

2.e. L'expression du courant i dans un élément de circuit est $i(t) = i_0 e^{(-t/\tau^2)}$ si t et τ désignent des temps.

2.f. L'expression de la position d'une masse accrochée à un fil de longueur l dans le champ de pesanteur g est donnée par $x(t) = x_0 \cos(\omega t)$ si t désigne un temps et $\omega = \sqrt{g/l}$.

3. Déterminer la dimension des deux paramètres α et β qui apparaissent dans la loi : $f = \alpha m v + \beta v^2$ où m s'exprime en kg, v en m/s.

Exercice 3   **Utilisation de l'analyse dimensionnelle**

L'énergie cinétique d'un solide en rotation est donnée par $E = \dfrac{1}{2} J \omega^2$ où ω désigne la vitesse de rotation du solide en rad·s^{-1} et J le moment d'inertie du solide.

1. Quelle est la dimension du moment d'inertie J ?

2. Un élève propose pour formule du moment cinétique de la sphère J, $J = \dfrac{2}{5} m^2 R$ avec m la masse du solide et R son rayon. Est-ce possible ?

3. Le même élève a trouvé comme résultat du problème de mécanique que l'accélération a du solide est $a = \dfrac{(M \sin\alpha - m) g}{M + m + J/R^2}$ où M et m désigne des masses et g la gravitation. Est-ce homogène ?

Exercice 4   Vitesse d'une onde

Dans une corde, une onde peut se propager. La vitesse de propagation de l'onde dépend de la tension T de cette corde et de la masse linéique μ du fil (masse par unité de longueur).

1. Donner la dimension dans le système international de la force T et de la masse linéique μ.

2. Chercher l'expression de la vitesse de propagation c en fonction de T et μ.

3. Est-ce que les dépendances trouvées à la question précédente pour T et μ vous paraissent-elles correctes physiquement ?

Exercice 5   Cyclotron

On considère un point matériel de masse m et de charge électrique q soumis à un champ magnétique uniforme $\vec{B}$. Le point matériel animé d'une vitesse $\vec{v}$ est soumis à la force de Lorentz : $\vec{F} = q\vec{v} \wedge \vec{B}$.

Lorsque $\vec{v} \perp \vec{B}$, le point matériel décrit un cercle dans le plan perpendiculaire au champ magnétique à vitesse angulaire ω constante. Cette vitesse angulaire doit dépendre des paramètres m, q et B du problème. On peut chercher s'il existe une relation simple, comme un produit, entre ces paramètres : $\omega = km^{\alpha}q^{\beta}B^{\gamma}$ où k, α, β et γ sont des constantes inconnues et des nombres sans dimension.

1. En utilisant les équations aux dimensions, déterminer α, β et γ.

2. En déduire la définition la plus simple possible d'une « pulsation cyclotron », pulsation caractéristique du cyclotron.

Exercice 6   Gravitation

1. Montrer que M la masse d'une planète, R son rayon et ρ sa masse volumique ne sont pas indépendants dimensionnellement, c'est-à-dire que l'on peut les lier dimensionnellement par une relation.

2. Donner la relation qui lie M, R et ρ si la planète est considérée comme une

sphère homogène.

3. Montrer qu'il est impossible avec M (masse), T (temps) et R (distance) de construire un nombre sans dimension α.

4. Déterminer les dimensions dans le système international de la constante de gravitation G sachant qu'elle est déterminée par l'équation (où F est la force de gravitation, m_1, m_2 sont les deux masses qui subissent cette attraction, et r est la distance qui sépare ces deux masses) : $F = \dfrac{G m_1 m_2}{r^2}$.

5. Trouver une relation entre G, T, M, R qui n'a pas de dimension (la plus simple possible).

6. Simplifier cette relation en utilisant la masse volumique ρ.

Exercice 7 Équation aux dimensions

Établir les équations aux dimensions en fonction des grandeurs de base du système international (masse, longueur, temps, etc.) :

1. De la constante de Planck h sachant que l'énergie E transportée par un photon est donnée par la relation : $E = h\nu$ où ν représente la fréquence du rayonnement correspondant.

2. De la constante de Boltzmann k_B qui apparaît dans l'expression de l'énergie cinétique E_c d'une molécule d'un gaz monoatomique à la température T ; à savoir : $E_c = \dfrac{3}{2} k_B T$.

Exercice 8 Constante de Rydberg

On pourra utiliser les résultats de l'exercice précédent.

1. Établir les dimensions de la constante de Rydberg R_H définie par :

$$R_H = \frac{m e^4}{8 \varepsilon_0^2 h^3 c}$$

où m et e désignent respectivement la masse et la charge de l'électron, h la constante de Planck et c la célérité de la lumière dans le vide. On utilise pour la dimension de ε_0 la formule suivante qui définit la force d'interaction entre 2 particules chargées q_1 et q_2 : $F = \dfrac{q_1 q_2}{4\pi\varepsilon_0 r^2}$.

2. La fréquence v de la radiation émise ou absorbée au cours d'une transition entre les niveaux d'énergie n et p de l'atome d'hydrogène est calculable par la relation :

$$v = \frac{me^4}{8\varepsilon_0^2 h^3 c}\left(\frac{1}{n^2} - \frac{1}{p^2}\right).$$

Vérifier l'homogénéité de cette relation.

3. Donner l'expression de la longueur d'onde λ de la radiation lors de la transition considérée ci-dessus.

Exercice 9   **Gaz parfait**

L'équation d'état des gaz parfaits relative à une mole s'écrit : $p \times V_m = R \times T$ où p est la pression, V_m le volume molaire, R la constante des gaz parfaits et T la température thermodynamique du gaz.

1. Donner l'équation aux dimensions de la constante molaire des gaz parfaits.

2. Sachant que le volume molaire normal vaut : $V_m = 22,414$ L·mol^{-1}, calculer R dans le système international d'unités. On rappelle que les conditions normales sont $P = 1$ atm soit $1,013 \times 10^5$ Pa et $\theta = 0°$C.

3. Montrer que le produit d'une pression par un volume est homogène à une énergie.

Exercice 10   **Estimations d'ordre de grandeur**

Il est aussi important, après avoir vérifié l'homogénéité d'une relation d'estimer rapidement un ordre de grandeur. Cela peut permettre de vérifier une formule ou un calcul. Donnez **les ordres de grandeur suivants :**

1. Combien de cheveux avez-vous sur la tête ?

2. Combien de temps pour un trajet Zhuhai-Beijing en voiture ?

3. Est-ce que vous voulez acheter une montre précise à 99.9 % ?

4. Quelle est la vitesse de marche normale d'un homme ?

5. La circonférence de la Terre est d'environ 40000 km à l'équateur. Estimer le rayon et la masse de la Terre.

6. Quelle est la vitesse d'un avion supersonique en km/h ? En combien de temps fait-il le tour de la Terre ?

7. Quelle est la taille d'un atome ?

8. Quelle est la distance Terre-Soleil ?

9. Si c'était possible, en combien de temps un vaisseau piloté par un homme pourrait-il atteindre la vitesse de la lumière (sans tenir compte des effets de la relativité restreinte) ? Il faut bien sûr que l'homme reste en vie !

10. Combien d'atomes dans un cube d'eau (liquide) de 1 cm de côté ? Dans un cube de cuivre de 1 cm de côté ? Dans un cube d'air de 1 cm de côté ?

———————————

Chapitre 2

Cinématique

Exercice 11 **Questions de cours**

1. Définir un référentiel.

2. Que doit-on connaître pour définir un vecteur ?

3. Que signifie "dériver par rapport à un référentiel $\mathscr{R}$" ?

4. Soit $\vec{a}$ un vecteur de norme constante. Montrer que $\dfrac{d\vec{a}}{dt}$ est orthogonal à $\vec{a}$.

5. Exprimer les vecteurs $\overrightarrow{OM}$, $\vec{v}$ et $\vec{a}$ dans le système de coordonnées cartésiennes.

6. Décrire le système de coordonnées cylindriques. Préciser l'expression des dérivées temporelles des vecteurs de base $\vec{e_r}$ et $\vec{e_\theta}$.

7. Exprimer les vecteurs $\overrightarrow{OM}$, $\vec{v}$ et $\vec{a}$ dans le système de coordonnées cylindriques.

8. Décrire le système de coordonnées sphériques. Préciser l'expression du vecteur $\overrightarrow{OM}$.

9. Qu'est-ce qu'une trajectoire ? Qu'une loi horaire ? Quel est le lien entre les 2 ?

10. Quelles sont les propriétés d'un mouvement de vecteur accélération constant ?

11. Quel est le mouvement d'un point qui a une accélération toujours nulle ?

12. Donner les composantes du vecteur accélération pour un mouvement circulaire. Quelle est l'action de chacune de ses composantes ?

13. Pourquoi l'accélération est toujours dirigée vers l'intérieur de la trajectoire (ou le centre de courbure) ?

Exercice 12 **Manivelle**

On étudie le système bielle-manivelle qui permet de transformer un mouvement de translation (mouvement de B) en mouvement de rotation (mouvement du point A) ou inversement. La manivelle OA tourne à la vitesse angulaire constante ω. La bielle AB de même longueur a que la manivelle est reliée en B au coulisseau qui a une trajectoire rectiligne portée par l'axe Ox. On appelle $\mathscr{R}$ le référentiel d'étude, muni du repère centré en O, de vecteurs unitaires $\vec{e_x}$ porté par OB et $\vec{e_y}$ perpendiculaire à $\vec{e_x}$.

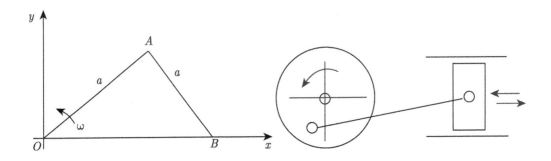

1. Déterminer la trajectoire du milieu M de la bielle dans $\mathscr{R}$.

2. Déterminer l'accélération de ce même point M. Montrer qu'elle possède une propriété particulière.

Exercice 13 **Situations possibles ?**

Indiquer si les trajectoires suivantes sont physiquement possibles.

situation(A)	situation(B)
situation(C)	situation(D)
situation(E)	situation(F)

Exercice 14   Histoire d'accélérations

1. Un mobile, d'abscisse x, initialement au repos en x_0, se déplace rectiligne-ment avec une accélération $a = -\dfrac{k}{x^2}$ avec $k > 0$. Exprimer sa vitesse v en fonction de x.

2. Soit un mouvement rectiligne caractérisé par une relation $v(x)$ du type $v = k\sqrt{A^2 - x^2}$. Déterminer la loi $x(t)$ et préciser la nature du mouvement.

3. L'accélération d'un point matériel M qui se déplace sur une droite $x'Ox$ vérifie l'équation suivante : $a(M, t) = -kv^2(M, t)$ où k est une constante et v la vitesse du point M par rapport au référentiel $\mathscr{R}$ d'étude. À l'instant initial, on a $v(M, 0) = v_0$ et $x(M, 0) = 0$. Déterminer l'expression de la vitesse et de la position du point matériel au cours du temps.

Exercice 15 Échelle

Un homme H monte à une échelle de hauteur $2L$. L'échelle est appuyée en A sur le sol et en B sur un mur vertical. Lorsque H a parcouru $3L/2$, l'échelle glisse ...

1. Quelle est la trajectoire de H ? On exprimera d'abord x et y en fonction de θ (angle entre l'échelle et le mur vertical) puis on donnera l'équation cartésienne de la trajectoire.

2. Déterminer l'accélération de H en fonction de θ, $\omega = \dot{\theta}$ et sa dérivée. Connaît-on ω à tout instant ?

Exercice 16 Mouvement cycloïdal

Un mobile M décrit une trajectoire d'équations paramétriques : $x = R(\omega t - \sin(\omega t))$, $y = R(1 - \cos(\omega t))$, $z = 0$.

1. Déterminer, en coordonnées cartésiennes, la vitesse $\vec{v}$ et l'accélération $\vec{a}$ du point M.

2. Représenter l'allure de la trajectoire pour $0 \leqslant x \leqslant 2\pi R$.

Exercice 17 Sortie au zoo

Sophie va au zoo et observe le mouvement d'un chimpanzé.

Celui-ci initialement au repos se déplace avec une accélération a_1 le long d'une droite pendant une durée t_1 puis il se laisse glisser pendant une durée t_2 avec une décélération a_2 due aux frottements sur le sol puis, ensuite, il ralentit avec une décélération a_3 pendant une durée t_3 avant de s'arrêter.

1. Exprimer la distance L parcourue.

2. La calculer avec $a_1 = 2$ m·s^{-2}, $a_2 = -0,5$ m·s^{-2} et $a_3 = -1$ m·s^{-2}, $t_1 = 10$ s, $t_2 = 20$ s et $t_3 = 10$ s.

3. Représenter la position x, la vitesse v et l'accélération a en fonction du temps.

Exercice 18   Étude d'un mouvement hélicoïdal

Dans un référentiel d'étude, muni d'un repère cartésien $(Oxyz)$, la position d'un point M est repérée par : $\begin{cases} x(t) = R\cos\omega t \\ y(t) = R\sin\omega t \\ z(t) = \rho\omega t \end{cases}$ où R, ω et ρ sont des constantes positives.

1. Déterminer les composantes des vecteurs vitesse et accélération dans la base cartésienne. Calculer la norme de ces vecteurs.

2. De quel type de mouvement s'agit-il ?

3. Déterminer les composantes de ces vecteurs dans la base cylindrique.

Exercice 19 | Étude d'un mouvement accéléré

Soit un point M dont le vecteur accélération $\vec{a}$ est constant dans le référentiel $\mathscr{R}$. Pour déterminer la trajectoire, il est pertinent de choisir une base dont l'un des vecteurs est colinéaire à $\vec{a}$.

1. Montrer que si on pose $\vec{a} = a\vec{e}_x$, il est possible de choisir $\vec{e}_y$ tel que $\vec{v} = v_1\vec{e}_x + v_2\vec{e}_y$.

2. Montrer que le mouvement est plan, contenu dans un plan à préciser.

3. Établir les lois horaires $x(t)$, $y(t)$ du point M.

Exercice 20 | Histoire de mouches

1. 4 mouches sont disposées à l'instant $t = 0$ au sommet d'un carré. A $t = 0$, leur distance au centre O du carré est r_0. Elles volent toutes à la même vitesse constante V ; chacune en direction de la précédente, la plus proche dans le sens du mouvement. Quelle est l'équation de la trajectoire de chacune des mouches ?

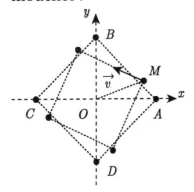
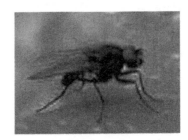

Une mouche

2. Traiter le cas général avec n mouches situées initialement aux n sommets d'un polygone régulier.

Exercice 21 | Sous-marin

Un sous-marin repère un bateau et décide de le torpiller. Le bateau a une vitesse constante V_b dirigée suivant Ox et la torpille a une vitesse constante V.

Un sous-marin et une torpille

Un bateau

On note a et b les distances relatives du bateau et du sous-marin suivant Ox, Oy et α l'angle entre Ox et la direction de la torpille (cf schéma). On assimilera le bateau et la torpille à des points.

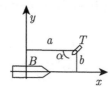

1. Dès que le sous-marin voit le bateau, il lance sa torpille. Quelle condition doit vérifier α pour que le bateau soit coulé ? Simplifier cette expression si $V_b \leqslant V$. Commenter.

2. Le bateau peut changer rapidement de trajectoire et la torpille peut alors le manquer. Le sous-marin immobile attend donc pour tirer d'avoir une durée de tir la plus courte possible. Déterminer la durée de ce trajet. Quelle est la valeur de α ? Quelle était la position du bateau au moment du lancement ?

Exercice 22   **Cycloïde**

Une roue de rayon R et de centre C roule sans glisser sur un axe Ox. Le mouvement de la roue est paramétré par l'angle $\theta(t)$ dont a tourné un rayon à partir de sa position initiale.

0. On admettra alors que l'abscisse x_C du centre de la roue est liée à θ par $x_C = X_{C0} + R\theta$, relation que l'on justifiera intuitivement.

1. Quelles sont en fonction de R et de θ les coordonnées du point M de la roue qui coïncidait pour $t = 0$ avec O ? (par définition, la trajectoire de M est une cycloïde).

2. Calculer en fonction de R, θ et de ses dérivées, les composantes de la vitesse et de l'accélération de M.

3. Donner les valeurs des composantes de la vitesse et de l'accélération de M au moment où celui-ci touche l'axe Ox.

Exercice 23 **Étude d'une trajectoire**

Dans un référentiel d'étude R, on repère un point M par des coordonnées cartésiennes. Les équations horaires du mouvement de M sont :

$$\begin{cases} x(t) = A\cos(at^2 + bt + c) \\ y(t) = A\sin(at^2 + bt + c) \\ z(t) = 0 \end{cases}$$

où A est une constante positive et a, b et c des constantes.

1. Déterminer l'équation cartésienne de la trajectoire.

2. Déterminer les équations horaires du mouvement en coordonnées polaires dans le plan Oxy ($r(t)$ et $\theta(t)$).

3. Déterminer les composantes radiales et orthoradiales de la vitesse et de l'accélération en coordonnées polaires.

4. Quelle est la signification physique de A, a, b et c ?

5. Quelle est la nature de la trajectoire ? La représenter.

Exercice 24 **Trajectoire d'un point matériel**

Par rapport au référentiel $R(O, \vec{e_x}, \vec{e_y}, \vec{e_z})$ un mobile ponctuel P a pour coordonnées à la date t :

$$x = b\sin(kt) \qquad y = b\sin\left(kt + \frac{\pi}{3}\right) \qquad z = b\sin\left(kt + \frac{2\pi}{3}\right)$$

où k et b sont deux constantes positives.

1. Établir l'équation du plan passant par l'origine O des coordonnées et contenant la trajectoire de P.

2. Déterminer le rayon A de la surface de la sphère de centre O sur laquelle est inscrite la trajectoire de P.

3. Calculer la norme v du vecteur vitesse de P.

4. Calculer le temps T mis par P pour décrire complètement une fois sa trajectoire.

5. Indiquer dans ces conditions le type de mouvement effectué par P.

Chapitre 3

Dynamique en référentiel galiléen

Exercice 25   **Questions de cours**

1. Définir le référentiel de Copernic. Définir le référentiel géocentrique.

2. Quel est le mouvement du référentiel géocentrique par rapport au référentiel de Copernic ?

3. Énoncer les 3 lois de Newton.

4. Donner deux exemples de forces à distance.

5. Donner l'expression de la force de rappel d'un ressort. Préciser les notations sur un schéma.

6. Définir un système pseudo-isolé.

7. Si on prend l'exemple du pendule simple, est-ce que la tension du fil, supposé idéal, est constante ?

Exercice 26   **Chute libre**

À l'instant $t = 0$, nous lançons d'un point O avec une vitesse initiale $\vec{v_0}$ un projectile ponctuel de masse m.
$\vec{v_0}$ fait avec l'axe horizontal (Ox) un angle noté θ ; l'axe vertical (Oy) est orienté vers le haut. On suppose dans la suite de l'exercice que le champ de pesanteur est uniforme c'est-à-dire que g a une valeur constante de 9,81 m·s^{-2} tout au long du mouvement.

1. Faire un dessin.

2. Calculer la trajectoire du projectile.

3. Pour des valeurs de $v_0 = 30$ m·s^{-1} et un angle $\theta = 30°$, trouver la flèche de la trajectoire et la portée du tir.

4. Représenter la trajectoire, la vitesse et l'accélération pour ces mêmes valeurs.

Exercice 27   **Mouvement de libération d'un particule**

Une particule matérielle M de masse m se déplace sur un axe fixe $(O, \vec{i_0})$ sous l'action d'une force $\vec{F}$ définie par : $\vec{F} = mbe^{-kt}\vec{i_0}$ où b et k sont des constantes positives.

1. Étudier le mouvement de la particule lorsque celle-ci a une vitesse v_0 nulle à $t = 0$.

2. Étudier le mouvement de la particule lorsque celle-ci a une vitesse $v_0 = 1$ m·s^{-1} à $t = 0$.

3. Étudier le mouvement de la particule lorsque celle-ci a une vitesse de $v_0 = -1$ m·s^{-1} à $t = 0$.

4. Tracer dans chacun des trois cas le mouvement, la vitesse et l'accélération de la particule.

Exercice 28   **Bombardement en piqué**

Un avion lâche un projectile à une altitude de 1500 mètres, alors qu'il effectue un piqué de 30° par rapport à l'horizontale.

1. Quelle est la vitesse de l'avion sachant que le projectile atteint le sol en 10 secondes?

2. Quelles sont les composantes de la vitesse du projectile pendant sa chute?

3. Quelle distance horizontale le projectile a-t-il parcourue à partir du moment où il a été lâché?

Exercice 29   **Étude d'un mobile sur plan incliné**

Un palet de hockey modélisé par un point matériel M de masse m glisse sur un plan incliné d'un angle α par rapport à l'horizontale.

crosse

Palet

joueur de hockey

Le mouvement s'effectue suivant l'axe Ox avec les conditions initiales suivantes $\overrightarrow{OM} = \overrightarrow{0}$ à $t = 0$ et $\overrightarrow{v_0} = -v_0\overrightarrow{e_x}$. Le palet glisse sur le plan avec un coefficient de frottement f constant.

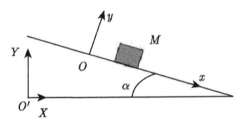

1. Quel est le référentiel d'étude ? Le système de coordonnées le plus approprié ?

2. Faire un bilan des forces. Quelle est l'équation différentielle qui régit le mouvement ?

3. Déterminer les équations horaires du mouvement.

Exercice 30   **Pendule**

Un pendule simple est constitué par une masse ponctuelle m située au point

M reliée par un fil de masse négligeable et de longueur constante l à un point fixe O d'un référentiel galiléen. On suppose que le mouvement de cette petite masse s'effectue dans un plan vertical et on repère à chaque instant la position du pendule par l'angle θ que fait le fil avec la verticale descendante passant par O.

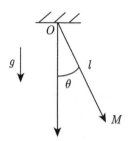

Rappel : la tension exercée par le fil est dirigée suivant le fil.

1. Quelle est la trajectoire de M ? Quel est le système de coordonnées le plus adapté ? Donner l'expression de l'accélération de M.

2. Déterminer l'équation différentielle en θ du mouvement de ce pendule.

3. Que devient cette équation dans le cas où l'angle θ reste petit au cours du mouvement (cas des petites oscillations) ? La résoudre sachant que le pendule est lâché sans vitesse initiale d'un angle $\theta(0) = \alpha$.

4. Calculer la tension du fil en fonction de mg et de α pour $\theta = 0$, puis pour $|\theta| = \alpha$. Commenter.

Exercice 31   **Glissement d'un solide sur un plan incliné**

Un solide supposé ponctuel de masse m est déposé à l'extrémité supérieure de la ligne de plus grande pente Ox d'un plan incliné d'un angle α. On note H la hauteur de ce point initial O. La vitesse initiale est nulle.

1. Déterminer, en l'absence de frottement, l'accélération du mobile à l'instant t.

2. En déduire la vitesse du mobile au point F, point de rencontre du sol et du plan incliné.

3. Maintenant, si on considère des frottements de glissement, quelle est la condition sur le coefficient de frottement f pour qu'il y ait glissement à $t = 0$?

4. Déterminer alors l'accélération du mobile à l'instant t. En déduire la vitesse du mobile au point F. Commentaires.

Exercice 32 | **Ressort vertical**

On considère une masse m suspendue à un ressort vertical, parfaitement élastique, de longueur à vide l_0 et de constante de raideur k, accroché à un point fixe O par l'autre extrémité. On note Ox l'axe vertical descendant. On lâche, à $t = 0$, la masse m de la position $x = a$ avec une vitesse initiale v_0.

0. Faire un schéma. Représenter les forces qui s'appliquent sur m.

1. Établir l'équation différentielle vérifiée par $x(t)$.

2. Déterminer, en fonction des données du problème, l'expression de l_e, position d'équilibre du ressort.

3. Réécrire l'équation différentielle précédemment obtenue en introduisant l_e. Commentaires.

4. Déterminer complètement $x(t)$.

Exercice 33 | **Association de ressorts**

1. On considère deux ressorts de même longueur à vide l_0 et de raideurs k_1 et k_2 montés "en parallèle". Déterminer le ressort équivalent à cette association parallèle.

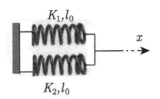

2. On considère deux ressorts de longueur à vide l_{01} et l_{02} et de raideur respective k_1 et k_2 montés "en série". On note A le point de jonction entre les deux ressorts. Déterminer le ressort équivalent à cette association.

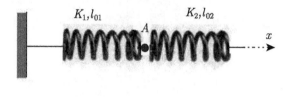

Exercice 34 **Questions de mécanique**

1. Ces affirmations sont-elles vraies ou fausses ? Justifier soigneusement.

(1) Un point peut avoir un mouvement curviligne plan même si son accélération garde toujours la même direction.

(2) Un mobile peut avoir une accélération non nulle en un instant où sa vitesse est nulle.

(3) Un mobile peut voir varier la direction de sa vitesse quand son accélération est constante.

(4) Un mobile peut voir varier la direction de son accélération quand la direction de sa vitesse reste constante.

2. Une corde passe par-dessus une poulie, pendant symétriquement de chaque côté. À l'une des extrémités est agrippé un singe, et à l'autre, en face de lui, est suspendu un miroir de même poids. Effrayé par son image, le singe tente d'y échapper en grimpant le long de la corde. Que fait le miroir ?

<hr />

Exercice 35 **Pendule conique (version I)**

Une masse m, assimilable à un point matériel M, est suspendue en un point O par un fil non extensible et sans masse de longueur l. Soit α l'angle que fait MO avec la verticale OO'.

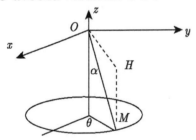

1. Quelle est la vitesse angulaire ω que l'on doit communiquer à M pour qu'il décrive avec un mouvement uniforme un cercle de centre O' (ce qui est équivalent à : M décrit un cône d'axe vertical, de sommet O et de demi-angle au sommet α) ?

2. Quelle est alors la période T de ce pendule conique ?

   Valeurs numériques : $l = 60$ cm ; $m = 2$ kg ; $\omega = 6$ rad·s^{-1} ; $g=10$ m·s^{-2}.

<hr />

Exercice 36 **Mobile sur un cercle**

Un point matériel M de masse m relié à l'origine O par un fil inextensible et sans masse décrit dans le sens positif un cercle vertical, de centre O et de rayon r.

1. Quelles sont les tensions du fil T_A et $T_{A'}$ au point A qui est en dessous et à la verticale de O et au point A' au-dessus à la verticale de O? En ces points, le mobile passe avec une vitesse v_A et $v_{A'}$. Les valeurs trouvées sont-elles toujours positives?

2. Trouver les équations différentielles du mouvement. Attention, on désignera par θ l'angle que fait OM avec la verticale.

3. Intégrer par rapport à θ une des deux équations. En déduire l'expression de la vitesse à l'instant t, sachant qu'à l'état initial $v = v_0$ et le mobile se trouve au point A. Calculer alors la tension T en fonction de m, θ, r et v_0.

4. La vitesse initiale v_0 étant donnée, on désigne par θ_v la valeur de θ qui annule l'expression de v et par θ_T celle qui annule l'expression de T. Tracer les courbes donnant θ_v et θ_T en fonction de v_0. Déduire de ces courbes la nature du mouvement de M suivant la valeur de v_0.

Exercice 37 **Viscosimètre à chute de bille**

Une bille sphérique, de masse volumique ρ_b et de rayon R, est lâchée sans vitesse initiale dans un fluide de masse volumique ρ et de viscosité η. On note g l'accélération de la pesanteur. En plus du poids et de la poussée d'Archimède, on tient compte de la force de viscosité exercée par le fluide sur la bille, opposée au déplacement et de norme : $6\pi\eta R v$ où v est la vitesse de la bille.

Chute d'une bille dans un liquide

1. Écrire l'équation différentielle vectorielle vérifiée par le vecteur vitesse $\vec{v}$ de la bille.

2. Montrer qualitativement que la vitesse tend vers une valeur limite notée v_l.

3. On suppose que la bille atteint très rapidement cette vitesse limite. On mesure la durée, Δt, nécessaire pour que la bille parcoure une distance H donnée. Établir la relation entre Δt, g, H, R, ρ_b, ρ et η.

4. Montrer que l'expression de la viscosité peut se mettre sous la forme : $\eta = K(\rho_b - \rho)\Delta t$. Exprimer la constante d'étalonnage K.

5. La durée de chute de la bille est de 83 s. Calculer la viscosité du liquide. AN : $K = 14 \times 10^{-8}$ SI ; $\rho_b = 7880$ kg/m^3 ; $g = 10$ m·s^{-2} et $\rho = 912$ kg/m^3.

Exercice 38   **Des bulles**

On considère une bulle de champagne sphérique.

Flûte à champagne

Champagne

On suppose qu'au cours de l'ascension, le rayon de la bulle est constant. La bulle est constituée du gaz CO_2 (gaz) de masse volumique $\rho(CO_2) = 1,0$ kg·m^{-3}.

Dans le champagne liquide (assimilé à de l'eau, de masse volumique $\rho_0 = 1,0 \times 10^3$ kg·m^{-3}), on suppose que la bulle est soumise (en plus de son poids) à deux forces :

- une force, appelée poussée d'Archimède, égale à l'opposé du poids du liquide déplacé par la bulle,

- une force de frottement visqueux, $\vec{f}_v = -6\pi\eta r\,\vec{v}$, où $\vec{v}$ désigne la vitesse de la bulle. Le coefficient η est la viscosité dynamique du liquide ($\eta = 1,0 \times 10^{-3}$ Pa.s). On note $\vec{g}$ le champ de pesanteur

1. Justifier que le poids de la bulle peut être négligé devant la poussée d'Archimède.

2. Lors de son ascension, on néglige la variation de la quantité de mouvement de la bulle. En déduire l'expression de sa vitesse d'ascension en fonction de η, ρ_0, g et r.

3. Calculer la valeur numérique de la vitesse d'ascension lorsque le rayon r vaut $0,1$ mm. On prendra $g = 9,8$ m·s^{-2}.

Chapitre 4

Aspects énergétiques en mécanique du points

Exercice 39   **Questions de cours**

1. Définir le travail d'une force. Quelle est sa dimension ? Son unité ?

2. Quel est le lien entre la puissance et le travail ?

3. Le travail dépend-il du référentiel ? Du chemin suivi par l'objet ?

4. Comment s'exprime le travail d'une force constante sur un chemin qui va de A à B ?

5. À quelles conditions le travail d'une force est nul ?

6. Pourquoi le choix de l'origine des potentiels ne change pas la nature du mouvement d'un objet ?

7. Retrouver les expressions de l'énergie potentielle de pesanteur et de l'énergie potentielle élastique.

8. On considère un point matériel M pseudo-isolé. Peut-on dire que son énergie potentielle est nulle ?

9. Un point matériel peut-il avoir une énergie mécanique négative ? Si oui, proposer un exemple.

10. Énoncer le théorème de l'énergie mécanique.

Exercice 40   **Travail d'une force de frottement proportionnelle à la vitesse**

Un point matériel de masse m est lâché d'une hauteur h, sans vitesse initiale. L'action du frottement dû à l'air est modélisée par une force $\vec{f} = -\lambda\vec{v}$. La poussée d'Archimède sera négligée.

1. Établir, grâce à la relation fondamentale de la dynamique, les expressions des vecteurs vitesse et position à la date t.

2. Comparer la variation d'énergie cinétique au travail des forces.

Exercice 41   **Applications directes du cours**

1. Vérifier qu'un travail et une énergie cinétique ont même dimension physique.

2. Donner l'expression d'un travail W d'une force constante $\vec{F}$ lors d'un déplacement $\overrightarrow{AB}$. Citer un exemple d'une telle force. Indiquer une propriété remarquable du travail obtenu.

3. Un sprinteur de masse $m = 70$ kg parcourt 100 m en 10 s. Estimer son énergie cinétique moyenne.

4. Lors d'un saut permettant de franchir une barre à 6 m de hauteur, un perchiste doit élever son centre d'inertie d'au moins 5 m. Calculer le travail du poids correspondant pour un athlète de masse $m = 70$ kg.

5. Donner l'expression de l'énergie cinétique d'un point M en coordonnées cylindro-polaires.

Exercice 42   **Distance de freinage**

On assimile une voiture à un point matériel de masse m roulant sur une route rectiligne et horizontale à une vitesse uniforme $\vec{v}_0$. À un instant que l'on choisit comme origine, le conducteur de la voiture freine. On admet que la voiture est alors soumise à une force de norme constante F et de sens opposé à la vitesse de la voiture. On appelle d la distance au bout de laquelle la voiture s'immobilise (distance de freinage).

1. Montrer que la distance de freinage varie comme le carré de la vitesse du véhicule. Comment varie-t-elle avec la masse du véhicule?

2. Pour un état mécanique optimal, on estime que pour une vitesse de 90 km/h, la distance de freinage vaut 52 m. Que vaut la distance de freinage à 130 km/h?

Exercice 43   **Étude d'un mouvement de glissement**

Une bille M de masse m est susceptible de glisser de A vers B :
-soit sans frottement à l'intérieur d'une portion de jante circulaire (quart de cercle de centre C et de rayon R, A à la verticale descendante de C et B sur la perpendiculaire à AC) ;
-soit en présence de frottements de coefficient f sur un plan incliné d'un angle α (A étant au niveau du sol horizontal et B sur le plan incliné).

1. Déterminer dans chaque cas, la vitesse minimale v_0 qu'il faut fournir à la bille en A pour qu'elle puisse atteindre B.

Exercice 44   **Perte d'énergie d'une goutte d'eau**

Une goutte d'eau de masse m est soumise à l'action de son poids et à celle d'une force de frottement fluide $\vec{F}_f = -\alpha v \vec{v}$. Soit $\mathcal{P}_f$ la puissance de la force de frottement.

On donne $m = 4{,}0$ μg, $\alpha = 1{,}5 \times 10^{-6}$ kg/m et $g = 9{,}8$ m·s^{-2}.

La goutte atteint une vitesse limite constante v_l au bout d'un temps caractéristique τ.

1. Construire une grandeur τ homogène à un temps à partir de m, α et g (la plus simple possible).

2. Calculer la valeur de τ. Commenter.

On se place en régime permanent, on suppose que la goutte a atteint sa vitesse limite.

3. Appliquer le théorème de la puissance cinétique et en déduire l'expression de v_l en fonction de m, α et g. Application numérique.

4. L'énergie mécanique totale se conserve-t-elle ? Pourquoi ?

Exercice 45   **Étude d'un mobile dans une gouttière**

Un mobile P assimilé à un point matériel de masse m, se déplace sur un rail situé dans un plan vertical. Le rail comporte une partie IA constituée d'un demi cercle de centre C et de diamètre $IA = 2l$. On néglige tout frottement et la liaison entre le mobile et le rail est unilatérale c'est-à-dire que la réaction R exercée par le rail sur le mobile ne peut changer de sens. La position du point P lorsque sa trajectoire est à l'intérieur du demi-cercle est repérée par l'angle θ (cf. figure ci-contre). On désigne par g la norme de l'accélération de la pesanteur. À l'instant $t = 0$, le mobile est libéré en H sans vitesse initiale à la hauteur h au-dessus de I, point le plus bas du demi-cercle.

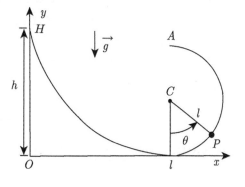

1. Exprimer, en fonction de m, l, g et θ, l'énergie potentielle du point P lorsqu'il est à l'intérieur du demi-cercle.

2. Exprimer, en fonction de l, g, h et θ la norme v_P de la vitesse au point P.

3. Donner, en fonction de l, g, h et θ, l'expression de la norme de la réaction R exercée par le rail sur le point P.

4. À quelle(s) condition(s) le point P arrive-t-il jusqu'en A, point le plus haut du demi-cercle ?

5. De quelle hauteur minimale h_m doit-on lâcher le mobile sans vitesse initiale en H pour qu'il arrive jusqu'en A ?

6. Donner dans ces conditions ($h = h_m$) l'expression de la réaction R_I en I point le plus bas de la trajectoire.

7. Exprimer la norme v_A de la vitesse du mobile lorsqu'il arrive au point A après avoir été lâché sans vitesse initiale depuis une hauteur $h = h_m$.

8. On désigne par x_C l'abscisse du centre du demi-cercle. Donner, en fonction de v_A et x_C les lois horaires du mouvement $x(t)$ et $y(t)$ après passage par le point A. Calculer pour $h = h_m$ l'abscisse x_0 du point P lorsque la trajectoire du mobile coupe l'axe Ox tangent au demi-cercle en I après être passée par le point A.

Exercice 46 **Avec et sans frottements**

Dans le champ de pesanteur uniforme de module g, un palet assimilé à un point matériel M, de masse m, se déplace sur une glissière constituée des deux parties suivantes. Un premier segment incliné forme un angle θ avec l'horizontale et n'exerce sur le palet aucune force de frottement.

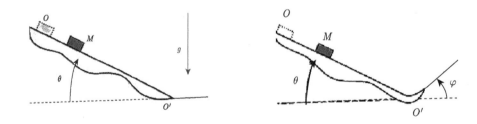

Un second segment exerce une force de frottement solide de coefficient dynamique f_d et de coefficient statique f_s. Le palet est lâché sans vitesse initiale d'un point O situé sur le segment incliné, à une distance L du point d'intersection O' des deux segments.

1. Exprimer la vitesse du palet au point O'. Se conserve-t-elle au passage de

ce point ? Que devient l'énergie manquante si la vitesse ne se conserve pas ?

2. Exprimer la distance D parcourue sur la glissière horizontale jusqu'à l'arrêt du palet, en supposant que la vitesse s'est conservée en O'.

3. Maintenant, le dispositif est modifié de telle sorte que la seconde partie de la glissière forme à présent un angle φ avec l'horizontale. Le palet est lâché du point O dans les mêmes conditions que précédemment. Déterminer la distance D' parcourue sur la glissière. Le palet remonte-t-il à son altitude initiale ?

4. Dans quelles conditions le palet reste-t-il immobile sur la glissière inclinée ?

Exercice 47   **Point mobile sur une sphère**

Un point matériel M de masse m est lancé depuis le point A le plus haut d'une sphère fixe de rayon R à la vitesse horizontale $\vec{v}_0 = v_0 \vec{e}_x$. L'intensité de la pesanteur est $\vec{g} = -g\vec{e}_y$. On néglige le frottement au contact de M sur la sphère.

1. Déterminer la condition sur v_0 pour que le point décolle dès le départ.

2. Dans le cas contraire, à quelle position le point quitte-t-il la sphère ?

Exercice 48   **Freinage d'une voiture**

Une voiture arrive à une distance D d'un mur. Deux possibilités se présentent au conducteur pour éviter le mur.

1. Le conducteur freine sur une trajectoire rectiligne (cas α). Le sol exerce alors sur la voiture une force constante F. Déterminer son expression si la voiture s'arrête juste avant le mur.

2. Le conducteur choisit de prendre le tournant sur une trajectoire circulaire (de rayon d) à vitesse v constante. En déduire l'expression de la

force de frottement F exercée par le sol. On pourra supposer cette force constante.

3. Plus la force de frottement est grande, plus le risque de dérapage est grand. Quelle est donc la méthode à utiliser ?

Exercice 49 **Exploitation d'une courbe d'énergie potentielle**

L'énergie potentielle E_p d'un objet ponctuel M à un seul degré de liberté r est donnée sur les graphes suivants. Le mouvement de m est à une dimension.

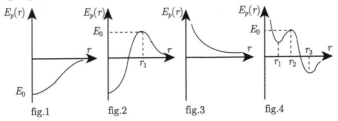

fig.1   fig.2   fig.3   fig.4

1. Dessiner le graphe de la force dans les 4 cas.

2. Quelles sont les positions d'équilibre, stable ou instable de M ?

3. Pour un objet d'énergie mécanique E_0, indiquer le type de mouvement possible.

Exercice 50 **Diagrammes énergétiques**

1. Un point matériel M est soumis à un champ de pesanteur uniforme d'intensité $\vec{g} = -g\vec{e}_z$. Représenter son diagramme énergétique et indiquer le domaine accessible pour une valeur de E de l'énergie mécanique.

2. a. Considérons l'exemple d'une interaction coulombienne entre une charge fixe en O et une charge mobile se déplaçant sur le demi-axe Ox pour $x > 0$. La force subie par la charge mobile est de la forme $\vec{F} = \dfrac{\alpha}{x^2}\vec{e}_x$ où $\alpha > 0$, elle correspond à une répulsion (cas où les charges sont de même signe) tandis que $\alpha < 0$ correspond à une attraction (cas où les charges sont de signes opposés). Déterminer l'énergie potentielle en prenant l'origine des potentiels à l'infini.

2. b. Écrire la conservation de l'énergie pour une valeur E de l'énergie mécanique.

2. c. Étudier les domaines accessibles. On distinguera le cas de l'attraction et celui de la répulsion.

Exercice 51 **Position d'équilibre et petits mouvements**

Un point M de masse m est contraint de se déplacer sur une droite Ox et est soumis à une force dérivant d'une énergie potentielle

$$E_p(x) = \alpha x^2 \left(1 + \frac{x^2}{a^2} \right)$$

avec α positif.

1. Déterminer les positions d'équilibre et leur stabilité.

2. Déterminer la période des oscillations autour de la position d'équilibre stable.

Exercice 52 **Point sur un cerceau**

Un point matériel M de masse m glisse sans frottement sur un cerceau vertical de rayon R.

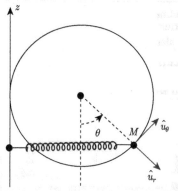

Le point M est fixé à un ressort dont l'autre extrémité glisse sans frottement le long d'un axe vertical tangent à la sphère (cf figure) de sorte que le ressort reste à tout moment horizontal. On note θ l'angle dont le point monte relativement à la verticale. On note k la constante de raideur du ressort, de masse négligeable et de longueur à vide R.

1. Faire le bilan des forces qui s'appliquent sur M. Lesquelles sont conservatives ? Déterminer l'énergie potentielle totale associée.

2. Que peut-on dire de l'énergie mécanique du système ? Justifier.

3. Montrer que le système présente soit deux soit quatre positions d'équilibre. On posera $\alpha = \dfrac{mg}{kR}$. Étudier leur stabilité.

4. Déterminer la période des petites oscillations autour de la seule position d'équilibre qui reste stable pour toute valeur de α.

Chapitre 5

Oscillateurs mécaniques en régime libre

Exercice 53 | **Lois horaires**

Déterminer les lois horaires en régime apériodique, critique et pseudo-périodique pour les conditions initiales suivantes :
- $x(0) = x_0 \neq 0$ et $\dot{x} = 0$;
- $x(0) = 0$ et $\dot{x} = v_0$.

Exercice 54 | **Étude énergétique**

On considère un oscillateur de facteur de qualité $Q = 1/2$; il est lancé depuis sa position d'équilibre $x = 0$ avec une vitesse initiale $\dot{x}(0) = v_0$.

1. Donner la loi horaire du mouvement.

2. On appelle E_0 l'énergie mécanique initiale de l'oscillateur. Calculer le travail de la force de frottement pendant l'intervalle de temps $\left[0 ; 0 + \frac{1}{\omega_0}\right]$; le comparer à E_0.

Exercice 55 | **Période d'oscillation**

Une balle de 10 g est suspendue à l'extrémité d'un ressort vertical léger et oscille avec une amplitude de 10 cm et une période de 1 s. Si la balle est remplacée par une autre de 40 g, et que celle-ci est mise en oscillation avec la même amplitude, quelle sera sa période d'oscillation ?

(a) 1 s.   (b) 2 s.   (c) 4 s.   (d) 8 s.

Exercice 56 | Interprétation d'une loi horaire

La loi horaire d'un oscillateur est représentée sur la figure ci dessous.

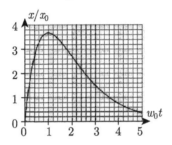

1. Le régime peut-il être pseudo-périodique ?

2. Si le régime est critique, déterminer la date à laquelle l'élongation est maximale.

3. En déduire le facteur de qualité de l'oscillateur et préciser les conditions initiales.

Exercice 57 | Couplage par élasticité, modes propres

On considère le système représenté par la figure ci-dessous. Les positions des deux masses sont repérées par leurs abscisses comptées à partir de leurs positions d'équilibre. On suppose que, lorsque $x_1 = 0$ et $x_2 = 0$, les ressorts ne sont pas tendus ; les deux masses glissent sans frottement sur l'axe Ox qui est horizontal.

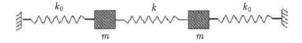

1. Écrire les équations du mouvement des deux masses.

2. On pose $q_1 = x_1 + x_2$ et $q_2 = x_1 - x_2$. À quelles équations différentielles obéissent q_1 et q_2 ?

3. À l'instant $t = 0$, les conditions initiales sont les suivantes : $x_1 = x_2 = 0$, et $\dot{x}_1 = v_0$; $\dot{x}_2 = 0$.

Donner les expressions complètes de $x_1(t)$ et $x_2(t)$.

Exercice 58   **Détermination d'un coefficient de viscosité.**

Une sphère de rayon r et de masse m est suspendue à un ressort de raideur k et de longueur à vide l_0. Déplacée dans un liquide de viscosité η, la sphère est soumise à une force de frottement donnée par la formule de Stockes : $\vec{f} = -6\pi\eta r\,\vec{v}$ où $\vec{v}$ est la vitesse de la sphère.

1. Déterminer l'équation du mouvement de la masse m lorsqu'elle oscille en l'absence de liquide. Déterminer la période T_0 des oscillations.

2. On plonge la masse dans un liquide de viscosité η. Déterminer l'équation du mouvement de la sphère plongée dans le liquide et en déduire l'expression de la pseudo-période T.

3. Déterminer l'expression du coefficient de viscosité en fonction de m, r, T et T_0.

Exercice 59 — Portrait de phase

On donne les graphes suivants.

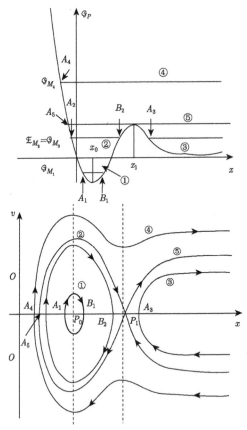

1. Décrire le mouvement de la particule pour les trajectoires de phase 1, 2, 3, 4 et 5.

2. Quel est le lien entre la nature des trajectoires de phase et le caractère périodique du mouvement ? Justifier que les trajectoires de phase s'enroulent dans le sens horaire autour de la position d'équilibre stable $\theta = 0$.

3. Comment est la vitesse au passage par la position d'équilibre stable ?

4. Comment est la vitesse au passage par la position d'équilibre instable ?

Chapitre 6

Moment cinétique-force centrale conservative

Exercice 60 **Moment cinétique orbital de l'électron**

Selon le modèle classique d'atome, un électron décrit autour du noyau une orbite circulaire de rayon r , à la vitesse angulaire ω constante, sous l'action d'une force centrale d'origine électrique.

1. Calculer le moment cinétique orbital de l'électron en fonction de la surface S de l'orbite et du courant équivalent $i = e/T$ (e : charge de l'électron, m_e : masse de l'électron, T : période de révolution).

Exercice 61 **Pendule conique**

Un point matériel M, de masse m, lié par un fil inextensible de longueur l à un point fixe A, tourne avec une vitesse angulaire constante ω autour de l'axe Az.

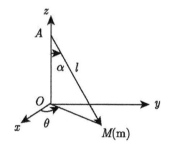

1. α étant l'angle que forme AM avec la verticale, calculer la tension du fil T puis l'angle α en fonction de m, g, l et ω.

2. Calculer en coordonnées cylindriques d'origine O l'expression du moment cinétique de M par rapport à A. Vérifier que sa dérivée par rapport au temps est égale au moment par rapport à A de la résultante des forces appliquées à M.

Exercice 62   **Point soumis à une force de rappel**

Soit un point matériel M de masse m soumis à une force $\vec{f} = -k\overrightarrow{OM}$ où O est un point fixe.

1. Montrer que le moment cinétique de M par rapport à O est constant.

2. En déduire que le mouvement est plan.

3. Établir que le mouvement est périodique. On notera ω la pulsation associée.

4. Donner l'expression de $\overrightarrow{OM}$ en fonction de ω, de la position initiale $\overrightarrow{OM_0}$ et de la vitesse initiale $\vec{v_0}$.

5. En supposant que $\vec{v_0}$ et $\overrightarrow{OM_0}$ sont perpendiculaires, donner la nature de la trajectoire.

6. À quelle(s) condition(s) a-t-on une trajectoire circulaire ?

Exercice 63   **Manège**

Un petit garçon, assimilé à un point matériel M, de masse $m = 30$ kg glisse sur un toboggan formé par un quart de cercle de rayon $R = 2,5$ m. On repère les angles par rapport au sommet du toboggan.

L'enfant part de l'angle $\theta = 15°$ où il possède une vitesse nulle jusqu'à la position $\theta = 90°$ où il quitte le toboggan. On néglige tout frottement et on suppose le référentiel terrestre galiléen.

1. Établir l'équation différentielle du mouvement du petit garçon.

2. En déduire l'expression de la vitesse v en fonction de θ.

3. Calculer la vitesse maximale atteinte. Commentaires.

Exercice 64   **Système mécanique à force centrale**

Un système mécanique est constitué de deux points matériels reliés par un fil de longueur l constante et de masse négligeable. Le premier point matériel M_1 de masse m_1 glisse sans frottement sur un plan horizontal percé d'un trou O. Le fil est engagé dans le trou de sorte que le second point matériel M_2, de masse m_2 se déplace verticalement dans le champ de pesanteur terrestre g. On suppose en outre que la longueur l est suffisante pour que, avec les conditions initiales choisies, aucun des points matériels n'atteigne le point O.

1. Choisir un système de repérage adapté pour décrire ce système.

2. Exprimer l'énergie mécanique du système et montrer qu'elle peut s'exprimer à partir d'une variable unique. En déduire les équations du mouvement. Commenter.

3. Étudier le profil de potentiel de ce système. Le mouvement de M_1 est-il libre ou lié ?

4. Les propositions suivantes sont-elles vérifiées ?
- le mouvement de M_2 est-il périodique ?
- le mouvement de M_1 est une ellipse ;
- la trajectoire de M_1 est fermée.

5. Le mouvement de M_1 peut-il être circulaire? Quelles doivent être, le cas échéant, les conditions initiales à donner au point M_1 pour obtenir ce résultat?

Exercice 65 **Théorème du moment cinétique en un point mobile**

On considère un pendule simple de masse m et de longueur l tel que son point d'attache A soit soumis à des petites oscillations horizontales $x_A(t) = x_0 \sin \omega t$.

0. Faire une figure.

1. Justifier l'utilisation du théorème du moment cinétique en A plutôt qu'en O. Le démontrer dans le cas d'un point mobile.

2. Établir l'équation différentielle régissant le mouvement du pendule pour de petites oscillations.

3. Quel est son mouvement lorsqu'un régime permanent sinusoïdal s'est établi?

4. Quelle est la pulsation ω_0 au voisinage de laquelle nos hypothèses d'étude sont à reprendre? Que dire des mouvements du point A et du mobile selon que $\omega > \omega_0$ ou $\omega < \omega_0$?

Exercice 66 **Freinage de satellite**

Dans les couches supérieures de l'atmosphère, un satellite en orbite circulaire de masse m est faiblement freiné par une force de norme $f_f = \alpha m v^2$ où α est une constante positive et v la vitesse du satellite dans le référentiel géocentrique R_0.

1. En admettant que la trajectoire du satellite reste quasi-circulaire, calculer après une révolution, les variations ΔE_m de son énergie mécanique, ΔE_c de son énergie cinétique, ΔE_p de son énergie potentielle et Δr du rayon de son

orbite.

Exercice 67   **Envoi d'une sonde vers Mars**

On désire transférer un satellite terrestre en attente sur une orbite circulaire basse de rayon $r_1 = 6700$ km vers une orbite circulaire haute de rayon $r_2 = 42\,000$ km. On communique pour cela en un point quelconque P de l'orbite basse un supplément de vitesse orthoradiale Δv_p en allumant les moteurs pendant une durée très brève. Le satellite décrit une orbite de transfert elliptique dite orbite de Hohmann qui se raccorde tangentiellement en un point A de l'orbite haute. Au point A, un nouvel allumage des moteurs pendant une durée très brève permet de stabiliser le satellite sur son orbite haute en communiquant une variation Δv_A à la vitesse orthoradiale.

1. Faire une figure. Exprimer en fonction de r_1 et r_2 l'excentricité e de l'orbite de transfert.

2. Exprimer puis calculer les vitesses v_1 et v_2 du satellite sur les orbites circulaires de rayons respectifs r_1 et r_2.

3. Déterminer l'expression des vitesses v_P et v_A du satellite sur l'ellipse de transfert respectivement au point P, juste après l'extinction des moteurs et en A juste avant l'allumage des moteurs.

4. En déduire les accroissements de vitesse orthoradiale Δv_P et Δv_A.

Chapitre 7

Changement de référentiel

Exercice 68   **Chute de pluie**

En roulant sous la pluie sur une autoroute plane à 110 km/h, un conducteur remarque que les gouttes de pluie sont vues à travers les vitres latérales de sa voiture faisant un angle de 80° avec la verticale.

Ayant arrêté sa voiture, il remarque que la pluie tombe en fait verticalement. Calculer la vitesse de la pluie par rapport à la voiture immobile et par rapport à la voiture qui se déplace à 110 km/h.

Exercice 69   **Manège**

Un manège d'enfants tourne à une vitesse angulaire constante ω ($\omega > 0$). Le propriétaire parcourt la plate-forme pour ramasser les tickets.

1. Tout d'abord, partant du centre à $t = 0$, il suit un rayon de la plate-forme avec un mouvement uniforme de vitesse v_0.

1.1. Établir l'équation de la trajectoire de l'homme :
- dans le référentiel R' lié au manège (trajectoire vue par les enfants),
- dans un référentiel R lié au sol (trajectoire vue par les parents qui attendent les enfants).

1.2. Déterminer la vitesse absolue du mouvement de l'homme (dans R) :
- à partir de l'équation paramétrique de la trajectoire,
- en utilisant les lois de composition des mouvements.
On interprétera physiquement les différents termes.

1.3. Reprendre la question 1.2. pour l'accélération absolue.

2. Maintenant l'homme parcourt sur le manège un cercle de rayon R_0 concentrique à la plate-forme, à une vitesse angulaire constante ω'. Reprendre les questions précédentes. Cas particulier : $\omega = \omega'$.

Exercice 70   **Interprétation cinématique des coordonnées polaires**

Un point M est astreint à décrire un axe OX, sa position sur cet axe est donnée par $X(t)$. L'axe OX tourne dans le plan xOy, et sa position est repérée à l'instant t par l'angle $\theta(t)$ que fait OX avec Ox. Soient $\vec{e}_r$ un vecteur unitaire porté par OX, et $\vec{e}_\theta$ le vecteur unitaire du plan xOy qui lui est directement perpendiculaire ; en utilisant la composition des vitesses et des accélérations, donner les composantes sur $\vec{e}_r$ et $\vec{e}_\theta$ de la vitesse et de l'accélération de M par rapport aux axes " fixes " xOy. Commenter le résultat obtenu.

Exercice 71   **Traversée d'une rivière**

Un bateau dont la vitesse par rapport à l'eau est v_1 veut traverser une rivière de largeur l et le courant a une vitesse uniforme v_0.

1. Quelle doit être la direction de la vitesse s'il veut suivre le chemin le plus court ?

2. Quelle doit être la direction de la vitesse s'il veut suivre le chemin le plus rapide ?

Exercice 72   **Mouvement bielle-manivelle**

La manivelle OA tourne à la vitesse angulaire constante ω. La bielle AB de même longueur a que la manivelle est reliée en B au coulisseau qui a une trajectoire rectiligne portée par l'axe Ox. On appelle R le référentiel centré en O, de vecteurs unitaires $\vec{e_x}$ porté par OB et $\vec{e_y}$ perpendiculaire à $\vec{e_x}$.

1. Déterminer la trajectoire du milieu M de la bielle dans R (calcul direct).

Déterminer l'accélération de ce même point M. Montrer qu'elle possède une propriété particulière.

2. On considère le référentiel R' en translation par rapport à R centré en A.

Calculer l'accélération de M dans R', l'accélération d'entraînement et retrouver ainsi l'accélération de M dans R.

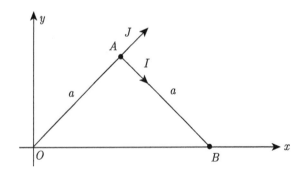

Exercice 73   **Grande roue**

Une grande roue de fête foraine de rayon R tourne à vitesse angulaire constante ω autour d'un axe horizontal Ox. $\mathscr{R}_1$ est le référentiel terrestre et $\mathscr{R}_2$ le référentiel lié à une nacelle.

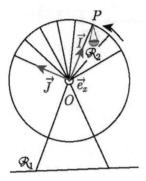

1. Exprimer dans une base appropriée la vitesse d'entraînement et l'accélération d'entraînement d'un point de $\mathscr{R}_2$ par rapport à $\mathscr{R}_1$.

Chapitre 8

Dynamique en référentiel non galiléen

Exercice 74 | **Tige en rotation autour d'un axe**

Un axe matériel Ox est animé par rapport à un axe vertical faisant avec lui un angle α d'un mouvement de rotation uniforme de vitesse angulaire ω. M, particule de masse m, coulisse sans frottement sur Ox.

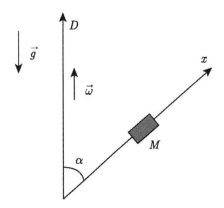

1. Déterminer la position d'équilibre relatif M_0 de M. On pose $\Omega = \omega \sin \alpha$.

2. M étant abandonné sans vitesse relativement à Ox à une distance a de M_0, donner l'expression de x en fonction du temps. Quelle est la nature de la position d'équilibre M_0 ?

3. Calculer, à l'instant, t la composante de la réaction de M sur Ox perpendiculaire au plan (D, Ox).

Exercice 75   **Impesanteur**

Pour entraîner les astronautes à l'impesanteur, le procédé suivant est utilisé. Un avion décrit le trajet $ABCD$.

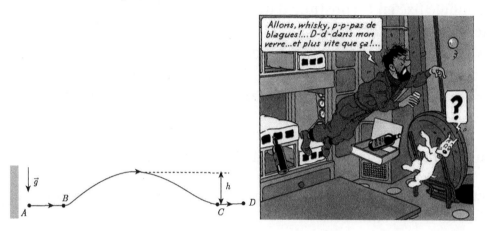

1. Quelle doit être la nature de la trajectoire BC pour obtenir l'effet d'impesanteur pendant cette phase du vol ?

2. Quelle doit être également la loi du mouvement de l'avion le long de BC ? On considérera que g est constant et vaut 10 m/s.

3. Les possibilités de l'avion limitant h à 9000 m, quelle est la durée maximale T pendant laquelle on peut réaliser l'impesanteur par ce procédé ?

Exercice 76   **Perle sur un cerceau tournant**

On considère une perle enfilée sur un cercle métallique de rayon R qui tourne à la vitesse angulaire ω constante autour d'un diamètre vertical.
On néglige les frottements.

1. Montrer que l'on peut observer l'existence d'un équilibre relatif stable de la perle pour un angle θ_e avec la verticale non nul si la vitesse angulaire est suffisamment élevée.

2. Tracer la courbe $\theta_e = f(\omega)$. Commentaires.

Exercice 77 **Le pendule conique**

Un pendule fixé en O constitué d'un fil souple de longueur l et d'une masse ponctuelle m est mis en rotation à la vitesse angulaire $\vec{\omega} = \omega\vec{k}$ autour de l'axe vertical dans le référentiel terrestre R. Soit R' le référentiel en rotation à vitesse angulaire $\vec{\omega}$ par rapport à R; le mouvement du pendule est plan dans ce référentiel, repéré par l'angle θ défini par rapport à la verticale.

1. La vitesse angulaire de rotation étant supposée constante, déterminer les positions d'équilibre du pendule dans R' en raisonnant sur les forces.

2. Retrouver les résultats précédents par un raisonnement énergétique et étudier la stabilité de ces équilibres.

3. Montrer que, si θ n'a pas la valeur d'équilibre correspondant à ω, la vitesse angulaire ω ne peut rester constante.

Exercice 78 **Forme de la surface libre d'un fluide en rotation**

Un fluide incompressible est contenu dans un récipient cylindrique de rayon R. L'ensemble est posé sur un plateau horizontal tournant à la vitesse angulaire ω, l'axe de rotation étant confondu avec l'axe du récipient. On admet qu'à la surface d'un liquide, toute particule de fluide peut glisser sans frottement. On étudie le régime "permanent".

1. Montrer, en raisonnant par l'absurde, que la surface du liquide est une surface d'égale énergie potentielle.

2. Déterminer la forme de la surface du liquide.

3. Proposer une application de ce dispositif. Décrire qualitativement les phénomènes parasites qui pourraient survenir si la vitesse de rotation devenait trop importante.

Exercice 79   **Satellite brisé par effet de marée**

Cet exercice est un exercice d'ouverture sur le chapitre suivant où on va étudier les référentiels terrestres, astrocentriques...

L'exercice a pour but de montrer qualitativement l'importance de l'effet de marée dans le système solaire. On modélise un satellite par deux sphères tangentes de rayon r, de masse m. Le satellite tourne autour d'un astre de masse M de rayon R à une distance a.

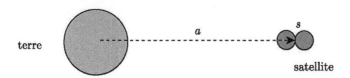

1. Montrer que tout ce passe comme si les deux composantes du satellite se repoussent par effet de marée et que la force de répulsion a la forme :

$$f = \frac{2GMmr}{a^3}.$$

2. Si le satellite est visqueux, la force de cohésion entre les deux composantes du satellite est purement gravitationnelle. Montrer que le satellite se brise par effet de marée si

$$\left(\frac{R}{a}\right)^3 > \frac{1}{8}\frac{\rho_{sat}}{\rho_{astre}}$$

où ρ_{sat} et ρ_{astre} sont respectivement les masses volumiques du satellite et de l'astre.

3. Application à la Lune : les masses volumiques moyennes respectives de la Terre et de la Lune sont 5500 kg/m^3 et 3300 kg/m^3. À quelle distance de la Terre la Lune devrait-elle se rapprocher pour être brisée par effet de marée ?

4. Application au satellite Io de Jupiter : les masses volumiques respectives de Io et Jupiter sont 3400 kg/m^3 et 1300 kg/m^3. Le rayon de Jupiter est $7,1 \cdot 10^4$ km, la distance de Io à Jupiter est $4,2 \cdot 10^5$ km. Io possède de nombreux volcans en activité. Expliquer le phénomène.

5. Expliquer qualitativement l'existence des anneaux de Saturne.

Exercice 80 **Mouvement à force centrale**

Dans un référentiel galiléen, une particule de masse m subit une force dont l'énergie potentielle a la forme suivante :

$$E_p = -\frac{k}{r^3}$$

où r est la distance au point O, origine.

1. Montrer que la trajectoire est plane. La particule est alors repérée par des coordonnées polaires (r, θ) dans le plan du mouvement.

2. Soit R' le référentiel tournant à même vitesse angulaire que la particule autour de O. Dans celui-ci, le mouvement du mobile est rectiligne, repéré par la distance r à l'origine. Déterminer l'énergie potentielle $E'_p(r)$ de la particule dans R'.

3. Tracer l'allure de $E'_p(r)$ et discuter de l'évolution de $r(t)$ en fonction des conditions initiales.

Exercice 81 **Pendule accéléré ou non**

On désigne par $\mathcal{R}'(O'x'y'z')$ un repère d'origine O' dont les axes orthogonaux $O'x'$, $O'y'$ et $O'z'$ sont respectivement parallèles aux axes Ox, Oy et Oz d'un repère $\mathcal{R}(Oxyz)$ que l'on supposera galiléen. Un pendule simple est constitué d'un point matériel P de masse m, suspendu à l'origine O' de $\mathcal{R}'$ par un fil sans masse ni raideur et de longueur l. On note par θ l'angle que fait le fil avec la verticale Oy de $\mathcal{R}$. Dans un premier temps, l'origine O' de $\mathcal{R}'$ reste fixe et confondue avec l'origine O de $\mathcal{R}$.

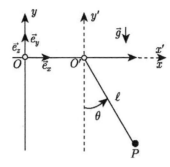

1. Quelle doit être la longueur l du fil pour que la période des petits mouvements du pendule soit $T_0 = 1$ s ? On prendra pour norme de l'accélération de la pesanteur $\vec{g} = -g\vec{e_y}$, la valeur $g = 9,8$ m·s^{-2}.

2. Maintenant, le repère $\mathcal{R}'$ est animé d'un mouvement de translation rectiligne uniformément accéléré d'accélération constante $\vec{a} = a\vec{e_x}$. Calculer le moment $\overrightarrow{M_{O'}}(\overrightarrow{F_{ie}})$ par rapport au point O' de la force d'inertie d'entraînement qui s'applique au point P dans le référentiel $\mathcal{R}'$.

3. Calculer le moment $\overrightarrow{M_{O'}}(\overrightarrow{F_{iC}})$ par rapport au point O' de la force d'inertie de Coriolis qui s'applique au point P dans le référentiel $\mathcal{R}'$.

4. Déduire du théorème du moment cinétique appliqué en O' dans $\mathcal{R}'$ au point matériel P l'équation différentielle à laquelle obéit l'angle θ.

5. Déterminer la valeur θ_0 de l'angle θ correspondant à la position d'équilibre du pendule.

6. Exprimer la période T des petits mouvements autour de la position d'équilibre θ_0 en fonction de l, a et g.